인지전,

뇌를 해킹하는 심리전술

COGNITIVE WARFARE

인지전,
뇌를 해킹하는 심리전술

송태은 지음

이오니아북스

기계가 우리의 마음도 읽고 생각도 조종하는 시대

전능한 신이 만약 눈앞에 나타나 지금 당장 원하는 한 가지를 주겠다면 당신은 무엇을 구하겠는가? 부모는 '자식의 성공'을, 직장인은 '승진'을, 연예인은 '인기'를, 노인은 '건강'을, 청춘은 '사랑'을, 정치인은 '권력'을, 학자는 '명성'을 주문할 것 같다. 사람들은 이처럼 자신이 원하는 목표를 이루면 행복해질 것으로 믿는다. 한편 이 질문에 위와 같이 대답하지 않은 인물이 성경에 등장한다. 전성기 이스라엘 왕국의 3대 왕 솔로몬은 부, 명예, 장수, 적에 대한 복수가 아닌, '선악을 분별하는 지혜'를 구했다. 신은 솔로몬에게 그가 구한 지혜를 주고 축복하면서 그가 말하지 않은 부와 영광도 주겠다고 약속했다.

솔로몬이 '분별력'을 구한 것은 그가 얼마나 총명한 인간인지 알려준다. 분별력을 갖게 된다면 앞서 사람들이 대답할 법한 소원 정도는 스스로 이룰 수 있다. 입시를 위한 최고의 공부전략, 승진 전략, 대중을 사로잡는 방법, 장수의 비결, 승리하는 선거의 비결은 모두 뛰어난 분별력으로 알아낼 수 있다. 그런데 솔로몬의 이 일화를 뱀의 꾐에 넘어가 신이 금한 열매를 먹었다가 에덴동산에서 쫓겨난 최초의 인간 아담과 이브가 알게 된다면 아마 굉장히 억울해할 것 같다. 왜냐면 뱀이 이브에게 건넸던 미끼는 바로 솔로몬이 신께 구한 '선악을 구분하는 분별력'이었기 때문이다. 솔로몬과 이브 둘 다 지혜를 갖고 싶어했는데, 솔로몬은 축복을 받고 이브는 신의 분노를 샀다. 문제는 이브가 뱀이 주장한 대로 '신처럼 될 수 있다'는 욕망을 품고 신을 배신한 부분이다. 원하는 것을 통해 무엇을 하려는지가 달랐던 셈이다.

솔로몬의 답변은 인류 출현 이후 그 어떤 시대보다 가장 거대한 정보와 지식의 홍수 속에 살아가는 우리에게도 큰 의미를 부여한다. 디지털 시대가 가져온 모습은 결코 긍정적이지만은 않다. 이윤 창출을 위해 딥페이크 불법 음란물이 게시되고, 코로나19 팬데믹 같은 재난 상황에서 가짜뉴스가 사회의 위기대응을 더 어렵게 만들며, 경쟁 후보를 낙마시키기 위한 선거철 가짜뉴스도 허다하다. 이러한 기만적인 정보활동에는 인공지능 기술까지 동원된다. 국내뿐 아니라 국제적으로도 갈등 관계에 있는 상대방 국가의 여론을 왜곡하거나 분열시키고 선거에까지 개입하기 위해 대규모의 허위조작정보를 그 국가의 소셜미디어 플랫폼에 퍼뜨리는 일도 빈번하다. 전쟁 상황에서는 상대방의 항전 의지를 꺾고 혼란을 더하기 위해 정보와 내러티브를 무기로 사용하는 인지전이 전개되고 있다.

이렇다 보니, 국가와 일반 시민 모두 실시간으로 생산되는 수많은 정보를 분별하고 진위를 가려내야 하는 스트레스에 시달리고 있다. 국가의 안보와 사회질서가 좌우되기 때문이다. 정교하게 만들어진 가짜뉴스는 솔로몬의 분별력으로도 진위를 가려내기 어렵다. 인공지능까지 동원되어 제작되는 기만적인 정보는 동시에 인공지능으로 탐지하면서 알고리즘 대 알고리즘 대결까지 펼쳐지는 형국이다.

인간이 '속는' 것은 생각보다 대단히 복잡한 결과를 가져오는 문제다. 무엇인가에 속아 인생에서 한 번 잘못 내린 결정은 인생 전체를 어그러뜨리기도 한다. 진짜 문제는 오늘날의 인간이 어리석어 속는다기보다 인간의 뇌를 속이는 게 쉬워졌다는 점이다. 인간의 감정이 어떻게 움직이고 무엇이 인간의 특정 행동을 유발하는지, 우리 뇌와 심리의 비밀이 뇌과학의 발달로 속속 드러나고 있다. 뇌를 조종하는 것도 어렵지 않은 일이 된 것이다. 인공지능 기술의 데이터 분석 능력이 더해지면서 현대 뇌과학은 기존에 심리학이 설명했던 인간의 감정을 뇌의 활동으로 직접 보여줄 수 있게 되었다. 이제 인간의 뇌와 마음을 기계가 해킹하여 알아낼 수 있는 시대가 도래한 것이다. 인간의 생각을 읽은 인공지능이 다른 기계에 신호로 전달하여 기계를 제어하는 일도 가능하다. 전신마비 환자가 온라인 게임을 즐기고 우리의 생각만으로도 무기를 조종할 수도 있다.

우리의 뇌를 분석한 인공지능은 이제 우리의 마음을 조종할 수 있다. 검색어, 구매한 물건의 목록, 즐겨보는 유튜브 채널, 신체 상태를 기록하는 스마트워치, 챗봇과 나누는 대화와 음성 정보 등 온라인 공간에서의 정보활동은 이미 기록되고 분석되어 우리의 뇌에 영향을 줄 수 있는 알고리즘으로 실시간 가동되고 있다.

우리가 인지하든 인지하지 못하든 우리의 감정은 알고리즘이 제공하는 콘텐츠에 의해 '조작'될 수도 '기획'될 수도 있다. 불안정한 마음을 눈치챈 인공지능 스피커가 우리를 편안하게 만드는 음악을 틀어줄 수도 있는 반면 아기의 수면 상태를 모니터링하는 베이비 모니터가 해킹되어 아기를 폭력적인 언어에 노출시킬 수도 있다. 새로운 군사정책을 결정하는 국가회의를 앞둔 고위급 관료가 착용하는 인공지능 수면 밴드가 적국으로부터 해킹되면서 공황장애나 심장마비를 일으키도록 하는 뇌파 교란이 발생할 수도 있다.

만약 신이 인공지능에게 원하는 소원을 말해보라 한다면 나는 인공지능이 무슨 대답을 할지 알 것 같다. 인간인 솔로몬은 분별력과 지혜를 원했지만, 인공지능은 당연히 '인간의 마음을 읽는 능력'이나 기계학습에 필요한 '인류 전체의 뇌 정보'를 달라고 할 것이다. 이처럼 인공지능 알고리즘이 원하는 능력은 마인드 리딩, 인지해킹 혹은 뇌해킹 능력이고 그러한 능력은 특정 인물이나 사회에 대한 뇌 조종이나 인지전에 악용될 가능성이 크다.

이 책은 이런 맥락에서 현대 심리학과 뇌과학이 밝혀낸 인간의 뇌와 감정 및 행동 간의 관계를 살펴봄으로써 우리의 뇌와 마음을 읽고 해킹하여 우리를 조종하고자 하는 인지전의 위협을 다루고자 한다. 우선 1장에서는 분노와 두려움 등 인간이 느끼는 다양한 감정이 인간의 의사결정과 행동에 어떤 영향을 끼치는지를, 2장에서는 인간의 욕구와 욕망이 어떻게 뇌의 작동 방식에 영향을 주는지를 짚어본다. 이어 3장은 인간-기계 인터페이스기술이 뇌파 정보 등 뇌에 대한 정보를 포착하여 인간의 마음과 생각을 어떻게 읽고 있는지, 내러티브 구사가 가능한 오늘날 AI 알고리즘이 어떻게 사람의 사고방식을 바꾸거나 기만할 수 있는지, 나아가 뇌과학과 AI 기술의 발전이 어떻게 우리의 정신질환이나 신체적 장애를 극복하게 하는지를 짚어본다. 4장에서는 최근 각국이 적성국으로부터 어떤 내러티브 공격이나 하이브리드 위협을 경험했는지, 그간 국가 간에는 물리적 공격이 아닌 내러티브 대결이 왜 일어났고 그 결과는 무엇이었는지 다양한 사례를 통해 들여다본다. 5장은 4장의 논의를 한층 심화시켜 각국이 인지전을 수행하기 위해 어떤 준비를 하고 있는지, 그리고 실제 최근의 전쟁에서 인지전이 어떻게 전개되었는지를 알아본다.

특별한 감사의 마음도 덧붙이고 싶다. 엄격하게 나를 가르치시며 전투를 앞둔 군인과 같은 전략적인 사고와 오뚝이 같은 강인한 정신력을 강조했던, 돌아가신 그리운 아빠와 이 세상에서 내가 받을 수 있는 가장 큰 사랑을 평생 무한으로 쏟아주신, 내가 너무나 사랑하는 엄마께 이 책을 바친다.

차례

1

감정이 시킨 일:
분노와 두려움, 기획될 수 있다

분노는 행동으로 이어진다

인간은 '지각cognition'을 통해 자신이 처한 환경과 수많은 정보를 순간순간 분별해낸다. 그런데 주변 모든 사물과 현상을 파악하려는 인간에게 가장 파악하기 어려운 대상은 바로 다른 사람의 '마음'일 것이다. 사람의 마음은 겉으로 드러나는 행동이 없으면 결코 알기 힘들다. 기분이 좋으면 꼬리를 흔드는 강아지, 또는 경계할 때 털을 세우는 고양이와 달리 인간은 자신의 마음을 숨길 수 있는 능력을 지니고 있다. 자기감정을 표출하지 않는다면 속마음은 온전히 본인만 아는 것이 된다.

그런데도 사람은 알 수 없는 다른 사람의 마음에 어떻게

든 영향을 미치려 한다. 자녀는 원하는 것을 사달라고 부모를 설득하고, 인기가 많아 접근하기 어려운 매력적인 이성에게는 일부러 차갑고 도발적인 태도를 보이며 강렬한 인상을 남기려고 한다. 경찰은 인질극을 벌이는 범인의 마음을 움직이기 위해 그의 자존심과 체면을 추켜세우는 전략을 사용하기도 한다. 국가 간 관계에서도 협상을 원하는 대로 타결하기 위해 먼저 상대 국가 여론을 자국에 호의적으로 만드는 작업을 하기도 한다. '감정'은 개인 간의 관계뿐만 아니라 다른 국가와의 외교 관계에도 막대한 영향을 미치는 변수로 작용한다.

그렇다면 아무리 노력해도 숨기기 어려워서 쉽게 잘 드러나는 감정은 어떤 걸까? 그리고 사람들은 어떤 상황에서 감정을 느끼는 데 그치지 않고 행동으로 표현하거나 표출하는 걸까?

인간이 느끼는 다양한 감정 중에서 가장 강력한 감정은 '화' 또는 '분노anger, rage'이다.[1] 분노는 우리 몸에 즉각적이고 극적인 신체적 변화를 일으킨다. 화가 나면 우리 몸에서는 아드레날린이나 코티솔 같은 스트레스 호르몬이 대량으로 분비된다. 맥박은 빨라지고, 혈압과 체온이 상승하면서 땀이 난다. 고혈압이나 심장 질환이 있는 사람은 극심한 분노만으로도 생명에 위협이 될 수 있다. 도대체 분노는 왜 이렇게 강력한 신체적 반응을 촉발하는 걸까?

스트레스를 받을 때 이러한 신체적 현상이 나타나는 근본 원인은 '생존 본능'이다. 우리 몸은 스트레스 상황에 대응하기 위해 '열중'하고 '집중'하는 모드로 전환된다. 마음은 긴장 상태가 되며 몸은 즉각적인 대응 태세를 갖춘다. 사람들이 충격적 정보를 접하고 크게 분노를 느낄 때 "화낼 힘도 없다"라고 말하는데, 이는 화를 내는 데 우리의 몸이 대단히 많은 에너지를 소모한다는 것을 반어법으로 표현하는 것이다. 화를 실컷 내고 나면 기운이 빠지고 허기가 지는 것은 바로 이 때문이다.

분노는 사람의 뇌에도 영향을 미치는 감정이다. '두려움'이나 '불안'과 마찬가지로 분노는 인간에게 '싸울 것인가, 도망갈 것인가fight or flight'의 선택을 요구한다. 이러한 감정들은 모두 우리 신체에 강력한 스트레스를 유발한다. 인간의 뇌는 위험한 상황에 직면했을 때 즉각적으로 생존에 가장 유리한 대응 방식을 선택하려 한다. 즉, 정면으로 맞설지 아니면 도망갈지, 어떤 선택이 생존 가능성을 더 높일지를 뇌가 신속하게 판단한다.

'분노'는 단순한 감정에 그치지 않고 대개 구체적인 행동으로 이어진다. 가령 배신당한 연인이나 배우자가 상대에게 복수하려는 마음으로 시작하는 스토킹 같은 행동부터 정부 정책에 분노해 거리에서 항의하는 시민들의 시위, 더 나아가 자기 자녀를 해친 범죄자에 대해 부모가 법정에서 구타하려 하거나 법정 밖에서 직접 살해하는 일 등이 그 대표적인 예들이다. 해외에서는 바람을 피운 애인이나 배우자를 배신당한 측에서 총으로 살해했다는 뉴스도 부지기수다. 더 충격적인 것은 사소한 이유로 폭력을 저지르는 사례들이다. 지인이 자신을 무시하는 말을 했다는 이유만으로, 혹은 일면식도 없던 남이 자신을 무시하는 시선으로 쳐다봤다고 폭행하고 심지어 살해하는 일도 일어난다.

대체 왜 그런 걸까? 분노는 그만큼 강력한 감정이기 때문이다. 그런 이유에서인지 예로부터 분노에 대해 특별히 주의하고, 경고하는 문구와 명언은 너무도 많다.

"분노는 어리석음에서 시작되어 후회로 끝을 맺는다."(피타고라스)
"분노로 시작하는 것은 무엇이든지 수치로 끝난다."(벤저민 프랭클린)

"노하기를 더디하는 자는 용사보다 낫고 자기의 마음을 다스리는 자는 성을 빼앗는 자보다 나으니라."(성경 잠언 16장 32절)

"화가 났을 때는 아무 결심도 하지 말아야 한다. 분노로 행한 일은 실패하기 마련이다."(칭기즈 칸)

"격한 분노는 하루의 수명을 갖고 있을 뿐이다. 하지만 하루 동안 파괴한 것은 백년이 지나야 회복될 수 있다."(로맹 롤랑)

분노를 경계하라는 명언이 유독 많은 이유는 분명하다. 분노는 단순한 감정으로 끝나지 않고 매우 빠르게 파괴적인 말과 행동으로 표출되기 때문이다. 누구든지 분노를 말과 행동으로 옮겼을 때, 두고두고 후회할 만한 심각한 상황에 놓일 수 있다.

노르웨이의 한 연구진은 기후변화 이슈에 대해 시민들이 느끼는 감정이 행동으로 이어지는 경우가 언제인지, 2천 명의 성인을 대상으로 여론조사를 했다. 이 연구진이 발견한 것은, 시민들이 기후변화에 대해 불안했다거나 두려움을 느낀 경우, 오히려 거리에 나가 시위하지 않았다는 사실이다. 불안감과 두려움의 감정은 사회정치적 변화를 추구하는 시민들의 '행동주의'로 연결되지 않은 것이다. 반면 분노는 전혀 다른 양상을 보였다. 정치인들이 기후변화 문제를 방관한다고 느낀 시민들은 강한 분노를 표출했고, 이는 구체적인 행동으로 연결되었다. 분노를 느끼지 않은 사람보다 분노한 사람들은 기후변화를 해결하려는 정책을 지지하는 등 적극적 행동에 나서는 경우가 무려 7배나 많았다. 연구진은 기후변화에 대한 '불안감'이나 '슬픔'이 아니라 '분노'야말로 정책 변화를 이끄는 핵심적인 변수임을 발견한 것이다.[2]

분노의 감정을 행동으로 옮기는 것은 인간만이 아니다. 동물의 세계에서도 분노는 강력한 행동으로 이어진다. 쥐가 고양이를 공격하거나 작은 새가 독수리를 공격하는 때도 있다. 천적과 마주친 동물은 생존을 위해 싸우거나 또는 도망치거나 오직 두 가지 선택지 사이에서 고민한다. 혹은 겁에 질린 나머지 이러지도 저러지도 못하고 그 자리에 얼어붙어 '마비'될 수도 있다. 대다수 동물은 감당할 수 없는 천적을 만나면 도망치거나 혹은 공포에 질려 몸이 굳어버리고 싸울 의지를 상실한다.

하지만 먹이사슬의 약자가 강자에 맞서 처절하게 싸우기를 선택할 때가 있다. 이는 두려움보다 분노를 더 크게 느꼈을 경우다. 새끼가 공격당하는 것을 보게 된 어미의 대항이 대표적이며, 어떤 동물은 공격받는 동료를 보호하기 위해 천적에 맞서기도 한다. 분노한 어미 닭이 새끼를 보호하려고 자기보다 몇 배나 큰 타조를 공격하는 사례, 초식동물 기린이 으르렁거리는 사자에 맞서 싸우는 경우 등 약한 동물이 천적에게 격렬하게 반격하는 영상은 인터넷에 넘쳐난다.

　이처럼 사람이든 동물이든 분노의 감정은 즉각적인 문제 해결이나 저항 '행동'을 끌어내는 가장 강력한 감정이다.

전염되는 분노

분노가 행동으로 연결되는 경우는 가치판단이 개입되는 도덕적 이슈나 정치적인 이슈에서 더욱 빈번하게 나타난다. 분노한 사람은 자신이 가지고 있는 확신을 강력하게 고수한다. 즉 자기 생각과 다른 시각에 대해서는 대단히 비수용적인 태도를 보이기 쉽다. 분노한 사람은 자신이 옳고 분노를 유발한 대상이 잘못되었다는 확신에 차 있는 경우가 대부분이기 때문이다.

그 결과, 분노를 느끼고 있는 사람은 분노를 느끼지 않은 사람보다 분노의 대상에 대해 대립적이고 대항적인 행동을 취할 가능성이 크다. 예컨대 분노를 일으킨 대상에 대해 적극적으로 징벌을 가하려는 행동을 취하기도 한다.[3] 미국의 한 연구진은 2016년부터 2020년 사이 유권자들을 대상으로 "만약 당신이 지지하는 후보가 선거에서 이기지 못한다면 화가 날 것 같습니까?"라는 질문을 던졌다. 이 질문에 "그렇다"라고 대답한 사람들은 투표장에서 실제로 투표를 행사할 의지가 큰 것으로 나타났다.[4]

이렇게 보면 굉장히 흥미로운 논리가 성립된다. 누군가를 움직이게 만들고 싶다면 그들을 화나게 만들면 된다. 이런 논리는 우리가 어떤 집단이나 세력을 움직이게 만드는 선전 활동인 '프로파간다propaganda' 메시지로 사용될 수 있다.

분노는 또한 로맨스 영화에서 주인공의 극적인 변화 계기를 자연스럽게 만들기 위해 자주 소환되는 감정이다. 사귀던 연인이 주인공의 가난이나 외모를 조롱하며 떠난 뒤, 이토록 비극적 이별에 분노한 주인공이 돌연 부자가 되거나 매력적으로 변신하는 장면이 얼마나 많은가. 이렇게 자신의 모습을 탈바꿈한 이후 자신을 버린 이전 연인보다 더 멋진 새 연인을 만나는 에피소드는 수많은 드라마의 단골 소재다. 이렇게 진부한 에피소드에 사람들이 질리지 않고 열광하는 이유는 단한 가지다. '복수'를 통해 반전이 전개됨으로써 시청자의 분노심도 대리 해소되기 때문이다.

영화나 드라마에 자주 등장하는 삼각관계에서도 '분노'는 흥미로운 관전 포인트를 제공하는 감정 변수로 작용한다. 질투로 인한 분노는 전체 스토리에 끊임없이 효과적으로 긴장감을 불어넣는다. 때로 분노는 질투를 일으키는 대상을 해치려는 '계략'으로 이어지기도 한다. 분노는 행동으로 옮겨지기 때문에 등장인물 중 누군가가 분노하는 모습을 보인다면 시청자들은 분노한 인물이 '어떤 계획을 이행하겠구나'라고 쉽게 짐작할 수 있다. 분노는 그다음 행동을 쉽게 예측하게 하는 일종의 '예측자'인 셈이다.

'복수'를 꿈꾸는 사람에게 '분노'는 대단히 강력한 감정적, 심리적 원동력이다. 이러한 심리적 메커니즘을 자신에게 적용한다면 전략적으로 자신의 행동을 조종할 수 있다. 예컨대, 스스로 약속한 행동을 이행하지 않으면 누군가에게 반드시 조롱당할 것이라는 암시를 자신에게 주거나, 내가 나의 경쟁자에게 패배하는 굉장히 괴로운 상황을 상상해 보는 것이다. 예를 들면 이렇다. 당신이 참가할 어떤 대회에 여러 경쟁자가 있는데, 그중 과거에 당신을 모욕했던 사람이 있다면 어떨까? 아마도 당신은 그를 반드시 이기기 위해 온 힘을 다할 것이다.

분노에는 또 다른 특징이 있다. 분노는 표출되기 쉬운 감정이고, 한번 표현되면 다른 사람에게 빠르게 영향을 미치는, 이를테면 '전염성'이 큰 감정이다.

부부싸움이 잦은 가정에서 자란 아이들은 더 자주 싸울 가능성이 있다. 아빠가 엄마에게 화를 내면, 엄마가 자식에게 화낼 가능성이 커지고, 엄마에게 화풀이 당한 자식은 형제나 자매에게 혹은 친구들에게 화를 내며 분풀이할 가능성이 커지는 식이다.

심지어 분노는 사람과 동물 간에도 전염된다. 가족들이 큰 소리로 대화하거나 격하게 다투면, 함께 있던 반려견이 갑자기 흥분해 뛰어다니거나 짖는 경우가 있다. 집안의 고조된 분위기가 동물에게도 스트레스를 주기 때문이다. 물론 다른 감정도 동물에게 전염될 수 있다. 천둥이 칠 때 무서움을 표출하는 주인의 반려견은 천둥소리에 떨고, 그러한 소리에 반응하지 않는 주인의 반려견은 침착한 태도를 보인다고 한다. 반려견은 온 신경이 주인에 집중되어 있기 때문에 주인의 감정에 예민하고, 반려견에게 있어서 주인의 감정은 자신의 환경 속에 위험이나 위협이 있는지를 판단하는 하나의 힌트, 즉 '단서'가 된다.

반려견이 주인의 감정에 전염되는 현상은 미국에서 인기 있는 연구주제다. 특히 집 밖에서 다른 개들을 무는 등 공격성이 강한 경우, 문제의 근원이 주인에게 있는 경우도 적잖다. 네덜란드의 한 수의학 연구진은 약물 남용, 공공장소에서의 고성방가, 가정폭력, 소음·소동 등의 문제가 있는, 반사회적 성향이 있는 사람들의 반려견들이 높은 공격성을 보인다는 사실을 발견했다. 놀랍게도 공격적 성향의 개 중 29%가 반사회적 행동 패턴을 보이는 주인이 키우고 있었다는 것이다.[5]

한편, 소셜미디어는 사람들의 감정이 가장 많이 표출되는 공간이고, 그중에서도 특히 분노는 가장 빠르게 전파된다. 현대인들은 자신의 매우 사적인 감정을 SNS를 통해 공개하고 공유한다. 기쁨, 행복, 자부심부터 실망, 좌절, 분노, 슬픔에 이르기까지 온갖 감정이 넘쳐나는 곳이 바로 SNS이다.

중국 베이항대학교의 한 연구진은 중국의 트위터로 불리는 시나웨이보Sina Weibo와 블로그에서 중국인이 사용한 이모티콘을 통해 표출된 감정을 분석했다. 연구진의 분석 결과, 소셜미디어에서 '즐거운 감정'이 '슬픈 감정'이나 '싫어하는 감정'보다 더 빠르게 확산되었고, 무엇보다도 '분노'가 가장 강력한 전파력이 있다는 결론이 도출되었다. 특히 중국 대중은 분노의 대상이 사회문제나 외교 사안인 경우, 가장 격한 분노를 표출했고, 다른 온라인 커뮤니티에도 이런 분노를 전달해 공감을 유도하는 행동을 보였다고 한다.[6]

분노한 사람의 뇌와 인류 최초의 살인 사건

우리는 누구나 '분노'의 감정을 수없이 경험한다. 하지만 화가 난다고 해서 모든 사람이 극단적인 방식으로 분노를 표출하는 것은 아니다. 분노를 느끼는 개인마다 그 대응 방식은 천차만별이다.

그렇다면 '분노'의 감정을 다스리기 힘들어하는, 분노에 취약한 사람의 특징은 뭘까? 어떤 사람들이 '분노'를 다스리는 걸 어려워하며, 똑같이 분노할 수 있는 상황에서도 어떤 사람이 감정을 잘 통제할 수 있을까?

최근 한 조사연구 결과는 새로운 통찰을 제공한다. 낯선 사람에 대해 폭력을 행사하는 소위 '묻지마 폭력'의 가해자들을 분석해보니 가해자의 35%가 정신질환을 앓고 있는 것으로 나타났다.[7] 폭력의 근본 원인이 뇌의 문제일 수 있다는 것이다. 개인이 외부로부터 오는 자극에 대해 어떻게 반응하는지는 인간의 인지 과정을 관장하는 뇌가 핵심적 기능을 담당하기 때문에 폭력 행위는 뇌 상태에서 비롯될 수 있다.

인간의 뇌에서 '감정'과 관련된 부분은 뇌의 깊은 곳에 있는 대뇌의 '변연계'다. 변연계는 식욕, 성욕, 수면욕과 같이 인간의 생존 본능과 감정을 관장한다. 변연계를 감싸고 있는 신피질에 이상 단백질이 축적되어 뇌 신경세포를 파괴하게 되면 뇌의 기능이 퇴행한다. 이때 생기는 병이 '알츠하이머'다. 짜증과 화를 많이 내는 노인은 알츠하이머병을 앓고 있을 가능성이 있다. 미국 하버드대학교와 매사추세츠 공과대학교 MIT의 뇌과학 연구진은 노인의 뇌에서 무슨 일이 일어나는지에 관한 연구 결과를 2024년 3월 〈네이처Nature〉에 발표한 바 있다. 연구팀은 일부 노인의 뇌에서 신경세포 간 접합 부위인 시냅스를 지원하는 유전자가 감소하는 현상을 찾아냈다.[8]

그런데 기대수명이 늘어난 가운데 요즘 60대의 건강 상태는 예전과 같지 않다. 경제협력개발기구OECD가 2022년 발표한 OECD 회원국의 평균 기대수명은 80.5세이고, 한국 보건복지부가 발표한 2022년 한국인의 기대수명은 83.5세이다. 한국, 일본, 스위스는 전 세계에서 기대수명이 가장 높은 세 국가다.[9] 기대수명이 증가함에 따라 뇌의 노화도 느려지고 있으며, 이는 곧 사람마다 서로 다른 신체적 건강과 뇌의 상태에 따라 분노 조절 능력이 다를 수 있다는 것을 의미한다. 신체와 뇌가 건강한 노인이 그렇지 않은 노인보다 분노의 감정을 더 잘 통제할 가능성이 크다는 얘기다.

위와 같은 다양한 사실을 기반으로 하면, 뇌의 퇴화나 손상이 분노 표출이나 폭력 행위의 가능성을 높일 수도 있다는 가설을 세울 수 있다. 그러나 이러한 가설을 입증하기 위해서는 다양한 연구가 추가로 필요하다. 한국에서 2021년 정신장애가 원인이었던 범죄는 전체 범죄의 0.7%였고, 지난 10년간 0.3~0.7% 수준을 유지했다.[10]

폭력은 오히려 '자기통제'의 결과일 수 있다. 심리학자 데이비드 체스터David Chester는 폭력적 행위의 원인에 대해 새로운 관점을 제시했다. 그는 2023년 논문 〈성공적인 자기통제로서의 폭력Aggression As Successful Self-Control〉에서 폭력은 자기통제가 결핍된 결과가 아니라, 오히려 '성공적인 자기통제의 결과'로 해석했다. 그의 주장은 분노와 폭력의 관계에 대한 기존의 전통적 시각과는 반대되는 것이다. 극단적인 복수심을 표출하는 사람들이 즉각적으로 폭력을 행사하기보다 철저한 사전 계획을 통해 적절한 '타이밍'을 기다려 공격 대상에게 최대의 피해를 줄 수 있을 때 폭력을 행사한다는 것이다. 체스터는 인간이 공격적으로 행동할 때, 자기통제와 관계된 뇌의 전두엽 피질이 활성화되는 현상을 발견했다. 어떤 사람들의 경우 충동의 절제는 곧 공격적 행위에 대한 '욕구'의 증대를 의미하기도 한다. 다시 말해, 복수심이 많은 사람은 분노를 즉각적으로 표출하여 분노 욕구를 해소하기보다 반대로 시간을 벌면서 공격하려는 사람에게 최대의 피해를 주기 위해 복수를 미리 '계획'할 수 있다는 것이다.[11]

분노에 대한 체스터의 새로운 가설은 '자기통제를 잃은 지점에서 폭력이 시작된다'라는 통념을 뒤집는 것이다. 그의 주장은 성경에서 묘사하고 있는 인류 최초의 살인 사건도 설명해 준다. 창세기에 등장하는 인류 최초의 살인은 최초의 인간 아담과 이브의 자식들 간에 발생했다. 사실 여부는 논외로 하고, 이 에피소드는 세상에 인간이 출현하자마자 살인 사건이 발생했다는 것과 그 살인이 가족 간에 발생한 것이라는 점에서 충격적이다.

인류 최초 살인 사건의 원인은 '분노'였다. 신은 동생 '아벨'의 제사는 인정했으나 형 가인의 제사는 좋아하지 않았다. 이에 대한 질투로 화가 난 가인은 동생을 죽이기 위해 한적한 들로 아벨을 불러냈고 그곳에서 아벨을 죽였다. 이 친족 간 살인 사건은 대단히 계획적으로 이루어진 범죄다. 가인은 아벨을 죽인 데 대해 신이 "동생은 어디 있느냐"라고 묻자, 망설임 없이 "나는 모릅니다. 내가 동생을 지키는 자입니까?"라고 반문했다.[12]

성경의 이 에피소드는 체스터의 가설, 즉 폭력이 자기통제의 결핍에 의해서가 아니라 철저한 자기통제 속에서 이루어지는 복수의 결과라는 논리를 지지하는 사례다.

분노는 다른 감정과 마찬가지로 특정 정보에 대한 인간 뇌의 반응인데, 분노가 표출되는 방식은 사람마다 다르다. 어떤 사람은 속으로는 화가 나도 밖으로 표출하지 않고, 어떤 사람은 분노를 적극적으로 쏟아낸다. 분노를 표출하는 방식이 언어에서 끝나는 사람도 있고, 폭력으로 이어지는 사람도 있다.

뇌 기능의 퇴행이 모두 짜증과 화로 이어지는 건 아니다. 또한, 분노를 잘 통제하는 사람이 오히려 철저한 계획을 세우고 더 잔인한 복수를 꿈꾸며 계획적으로 폭력을 수행할 수도 있다.

공포의 근원, 불확실성

'분노'는 우리의 뇌에 대단히 스트레스를 주는 감정이다. '공포'도 마찬가지다. 사람은 자신의 안전이나 생명이 위협받을 때 공포를 느낀다. 즉 공포는 생존 본능과 직결되는 감정이다. 공포를 어떻게 받아들이느냐에 따라 사람은 위험을 감수하는 '위험 수용적risk-taking' 반응을 보이기도 하고, 위험을 피하는 '위험 회피적risk-averse' 반응을 보일 수도 있다.

공포의 감정은 분노의 감정과 비교할 때 다른 행동 반응을 유발한다. 대개 사람들은 '공포'를 일으키는 대상에 맞서 '싸우기'보다 '도망치기'를 선택한다. 산에서 뱀이나 멧돼지를 만나면 뱀이나 멧돼지를 때려눕혀 나의 생존을 도모할 수도 있겠지만, 대개는 도망치는 결정을 내릴 것이다. 한 번이라도 직접 대결을 통해 자신의 힘을 겨뤄보지 못한 대상으로부터 도망가는 것이 '불분명한' 위험에서 벗어날 가능성을 더 높일 수 있기 때문이다.

이렇게 두려움과 공포를 느낀 사람은 대개 맞서 싸우기보다 도망치는데, 분노를 느끼는 경우와 마찬가지로 공포는 사람의 행동 변화를 즉각적으로 유발한다. 인간이 두려움을 느끼게 되면 감정선에서 그치는 대신 자기 행동에까지 변화를 준다는 것은 여러 조사와 분석을 통해 입증되고 있다.

미국 챕맨대학교가 매년 발간하는 여론조사 보고서 〈미국인의 두려움에 대한 챕맨조사〉는 2016년 당시 빈번히 일어난 테러로 인해 미국인들의 행동이 변화했다는 것을 보여준다. 미국 성인 응답자의 22%는 사람들이 많이 모이는 밀폐된 장소인 콘서트장이나 대규모 스타디움에서의 스포츠 관람을 피하고 있었다. 응답자의 52%는 해외여행을 가지 않았고, 63%는 해외여행 시 테러의 공격 대상이 될 것을 우려했다. 또한, 응답자의 77%는 공항 보안 검색대 검사를 위해 기꺼이 긴 줄을 서겠다고 대답했다.[13] 이 조사는 두려움이 사람들의 실제 행동에 뚜렷한 변화를 가져온다는 것을 증명하고 있다. 사람들은 두려움을 주는 상황을 강력하게 회피하고자 한다는 얘기다.

사람은 왜 두려워할까? 사람이 느끼는 공포의 근원은 뭘까? 무엇이 우리를 두렵게 만드는 것일까?

챕맨조사에 참여한 사회학자 크리스토퍼 베이더Christopher Bader는 사람이 느끼는 두려움의 근원이 '불확실성uncertainty'이라고 말했다. 지도자와 정부의 부패 혹은 전쟁 시 적국에서 핵무기를 사용할 가능성 등 국내 정치와 국제정치 상황의 불확실성도 사람들을 두렵게 만든다. 국내 정치와 국제정치가 개인의 삶에 영향을 끼칠 것으로 여기는 것은 사람들이 당장 생존이나 건강상의 위험을 넘어 상당히 광범위한 대상에 두려움을 느낀다는 것을 말해준다.

불확실성은 애착 관계에서도 관계가 지속되는 데 부정적인 영향을 미친다. 연인이 헤어지거나 부부가 이혼하는 이유가 자극의 부재로 인한 권태 때문일까? 관계가 끊어지는 이유는 오해, 배신 등으로 더 이상 상대를 신뢰할 수 없거나 상처를 주는 언행이 반복될 때인 경우가 더 많다. 사람들은 상대와의 관계에서 내가 과연 행복할 수 있을지, 그 가능성에 대해 확신이 서지 않을 때 상대와 헤어지고 싶은 마음이 생긴다. 희망적인 미래에 대한 '예측성'이 떨어지는 사람한테 나의 시간과 에너지, 자원을 더는 사용하고 싶지 않은 것이다. 함께할 미래의 모습이 잘 그려지지 않는 현재의 상대는 내게

'손해'로 여겨지기 때문이다.

오랫동안 미국인의 두려움을 연구한 사회학자 크리스토퍼 베이더는 두려움이라는 감정과 관련하여 '성경'에 주목했다. 현대에도 여전히 종교가 사람들에게 호소력을 발휘할 수 있는 것은 삶의 다양한 불확실성이 주는 불안감을 해소하기 때문이라는 것이다. 성경은 단순히 종교 경전이 아니고 인간에게 명확한 행동 지침을 주는 일종의 '규칙서' 역할을 한다. 성경은 무엇이 옳고 무엇이 나쁜지, 어떤 행동이 벌을 받고 상을 받는지 분명한 원칙을 제공한다. 성경은 인생에서 겪게 되는 너무 다양한 상황에서도 명확한 행동 기준을 제시하고 '확실성'을 제공하기 때문에 사람들에게 심리적 안정을 준다고 설명한다.[14]

이렇게 사람들은 불확실성이 큰 상황에서 두려움을 느낀다. 그러나 불확실성이 큰 위험한 상황에서도 상대적으로 두려움을 덜 느끼는 사람들도 있다. 위험에 대한 수용력이 높은 사람들이 그렇다. 이들은 흡연, 음주, 과속운전, 무분별한 성행위 등의 위험한 행동을 더 자주 시도한다. 그런데 이렇게 위험을 감수하는 사람들의 뇌는 일반적인 사람들의 뇌와 다를 수 있다. 즉, 이들의 뇌가 위험을 객관적으로 평가하는 능력이 다를 수 있다는 얘기다.

인간의 대뇌 피질 겉 조직은 2~3mm 두께의 얇은 회색 신경세포로 둘러싸여 있는데, 인간의 신경세포 67%가 모여 있는 이 부위를 '회백질'이라 부른다. 회백질은 인간이 무언가를 결정하는 행위나 위험을 인지하는 능력인 '의사결정'이나 '위험평가' 능력에 관여한다.[15] 회백질이 발달할수록 인지능력이 높고 위험을 더 잘 평가할 수 있다. 미국 텍사스대학교의 알츠하이머병·신경퇴행 질환 연구팀은 70~74세 치매 환자 1천 명의 MRI 영상을 분석한 결과 치매를 진단받기 전 5~10년 전부터 환자들의 회백질이 얇아지는 현상을 발견했다.[16]

이러한 연구 결과는 뇌 질환을 겪는 사람이 위험으로부터 자신을 지키는 데에 상당히 취약하다는 것을 말해준다. 뇌의 상태는 인간의 위험 수용도와 밀접한 관련이 있다는 얘기다. 인지능력이 낮을수록 위험에 대한 수용력이 높을 수 있고, 정상적으로 기능하는 뇌는 위험을 무릅쓰기보다는 회피할 가능성이 크다.

그렇다면 두렵고 위험한 상황에서도 용감하게 다른 사람의 생명을 구하는 사람들의 뇌는 정상적이지 않다는 말인가? 그렇지 않다. 이들의 '용감한' 감정이 작동하는 메커니즘은 일반적인 사람들과는 다른데, 용감함의 신비는 2장에서 살펴보기로 하자.

스트레스를 받은 뇌는 어떻게 의사결정을 하는가

앞서 살펴본 '분노'와 '두려움'의 감정은 인간에게 큰 스트레스를 유발할 뿐만 아니라 우리 뇌가 신속한 의사결정을 내리게 하는 매우 강력한 감정이다. 만약 분노를 느끼고도 화를 표현하지 못하고 행동을 취하지 않거나 두려움을 느끼면서도 도망치거나 맞서지 못한다면, 그 사람의 정신은 매우 무력한 상태에 있을 가능성이 크다. 다시 말해, 스트레스를 받은 인간의 뇌는 이러한 불편한 감정 상태를 해소하는 의사결정을 내리기 위해 적극적으로 문제를 분석하고 정보분별을 시작할 것이다. 어떤 결정을 내리고 어떤 행동을 취해야 이 스트레스로부터 빠져나올 수 있을지 뇌는 상황을 판단할 것이고, 이성적인 합리성을 최대한 발휘하여 문제를 풀려 할 것이다.

그런데 '분노'와 '두려움'이 문제해결을 위한 의사결정을 촉구하는 강한 감정인 것과 달리, '슬픔'은 인간의 감정을 오히려 비활성화시키는 독특한 기능을 한다. 펜실베이니아 대학교 와튼스쿨의 요나 버저Jonah Berger 교수는 7천 개의 뉴욕타임스 기사를 분석한 연구에서 흥미로운 결과를 발견했다. 사람들은 슬픈 소식에 대해 흥분하기보다는 '힘을 빼거나 물러나는' 태도를 보였다. 사람들은 인터넷상에서 접한 슬픈 소식을 타인에게 빠르게 전달하는 모습을 보이지 않았다. 즉 슬픔의 감정은 전염성이 높지 않으며, 슬픈 정보는 확산력이 약한 것이다.[17] 스트레스의 차원에서 볼 때, '슬픔'은 '분노'와 '두려움'보다 우리의 뇌에 강한 자극을 주지 못한다고 볼 수 있다.

이렇게 볼 때, 극도로 분노스러운 상황에서 발생하는 슬픔은 매우 복잡한 감정 상태를 만들어낸다. 예를 들어, 가족이 병이나 자연재해가 아닌 성폭행으로 사망하거나, 건강한 가족이 병원에서 의료사고로 죽는 등 억울한 죽음을 맞이했을 경우, 희생자 가족들은 매우 복합적인 감정 상태에 놓이게 된다. 한편으로는 문제해결을 위한 적극적 행동이 요구되는 상황임과 동시에 깊은 슬픔을 감당해야 하는 이중적 부담을 안고 있기 때문이다.

복잡한 상황에서는 올바른 정보분별이 필요한데, 감정적인 스트레스를 크게 받는 상황에서 개인은 어떤 의사결정을 내리게 될까?

뇌과학자들이 발견한 바에 따르면, 불확실성이 큰 상황에서 근심과 두려움을 크게 느끼는 개인은 정보분별에 실패하고 합리적인 의사결정을 내리지 못할 가능성이 크다고 한다. 특히, 막대한 스트레스를 받는 사람은 이익과 손해를 구별하는 데 실수를 더 자주 하고, 스트레스가 없는 경우와는 달리 창의적으로 문제를 해결하는 데 실패하는 경우가 많다.

예를 들어, 갑작스럽게 불행한 소식을 듣게 되거나 차 안에서 연인이나 부부가 격렬한 언쟁을 벌이는 상황에서 운전자는 교통사고를 일으킬 가능성이 커진다. 이는 위기 상황에서 사람의 의사결정이 어떤 영향을 받는지 보여주는 사례다. 테러, 재난·재해, 갑작스러운 해킹 등 보안 사고에 대응하기 위해 정부 기관이나 기업이 평상시에 다양한 위기관리 훈련을 매뉴얼이나 가이드라인에 따라 반복하여 주기적으로 수행하는 것은 바로 이러한 상황을 염두에 둔 대비라 볼 수 있다. 이러한 훈련은 개인, 조직, 기관이 즉흥적으로 위기에 대응할 때 발생할 수 있는 다양한 실수를 막고 신속하게 문제를 해결하기 위한 '예습'이다. 미리 학습을 통해 스트레스가 높은 상황에서 나타날 수 있는 정보분별 실패를 방지하려는 장치인 셈이다.

가령, 군이 강도 높은 군사훈련을 반복해서 정례적으로 실시하는 것도 위기 상황이나 전시에 반드시 수행해야 할 작전을 위한 명령체계를 점검하고 시뮬레이션을 돌려보는 활동이다. 미리 준비해 놓은 시나리오대로 작전이 수행될 수 있는지, 무기체계의 운용에서 어떤 문제가 발생할 수 있는지를 '워게임War game'과 같이 실제 상황을 가정한 훈련을 통해 확인하는 것이다.

인지적 구두쇠, 인간의 정보분별 전략

초연결 시대의 인터넷 공간에서 실시간으로 게시되는 정보의 규모는 급증했고, 정보가 확산되는 속도 역시 빨라졌다. 특히 최근 챗GPT, 제미나이, 미드저니, 딥시크 등 생성형 인공지능의 대중화로 사람들은 챗봇chat bots이 정확한 답변을 제공하지 않고 허구적 정보를 생성하는 '환각hallucination' 현상을 분별해야 하는 상황에도 놓여 있다. 생성형 인공지능은 기계학습을 통해 텍스트, 오디오, 이미지, 동영상 등 새로운 콘텐츠를 생성하도록 설계된 대화형 인공지능 모델이다. 생성형 인공지능의 언어 능력은 AI 기술의 최종적 목표인 인간을 보조하거나 대신할 수 있는 '인간스러운 지능humanistic intelligence'

구현을 위한 핵심적 능력 중 하나다. 그런데 아직 생성형 인공지능의 성능이 완벽하지 않기 때문에 인간은 기계가 내놓는 질문에 대한 답을 완전히 신뢰해서는 안 된다.

그렇다면 정보의 양이 폭발적으로 증가한 오늘날, 우리는 그만큼 더 총명하고 지혜로워졌을까? 우리의 정보분별 능력은 얼마나 향상되었을까? 무제한에 가까운 정보의 홍수 속에서 우리의 뇌는 과연 어떤 정보분별 전략을 취하고 있을까? 특히, 논란이 되는 사안이나 진실에 관한 주장이 극단적으로 갈리는 이슈에 대해 사람들은 어떤 기준으로 최종적인 판단을 내릴까?

이러한 질문은 인터넷이 대중에게 보급되기 전의 매스미디어 시대에도 많은 학자가 제기했었다. 텔레비전, 신문, 라디오 등 전통적인 매스미디어와 페이스북, 유튜브, 인스타그램, X 등 소셜미디어의 콘텐츠가 개인의 정보분별이나 여론에 미치는 영향에 대해서는 커뮤니케이션학, 정치학, 심리학 분야에서 오래전부터 연구되어왔다.

개인이 특정 이슈에 대해 정보를 분별하는 방식은 그 이슈가 어떻게 틀짓기, 즉 '프레이밍framing' 되는지에 크게 영향을 받는다. 주로 미디어의 틀짓기 이론Framing Theory이나 의제설정agenda-setting 이론에서 언급되는 프레이밍이란 사건이나 사안을 다룰 때 그 사건이나 사안의 전체가 아닌 일부 특정 부분만을 강조하여 '일부'가 '전체'보다 더 중요한 문제로 인식되도록 만드는 정보전달 방식을 의미한다. 사건이나 사안의 특정 부분에 대해 누군가가 '기준'으로 삼을 만한 '정의'를 내려주거나 인과적 설명이나 도덕적 판단 혹은 문제를 지적하는 방식으로 일정한 틀을 만들어주는 것이다. 요컨대 프레이밍은 '무엇'이 보도되는지뿐 아니라 특정 이슈와 대상이 '어떻게' 보도되는지에 관한 문제라고 할 수 있다.

언론이나 다양한 미디어만이 아니라 개인도 프레이밍 기법으로 어떤 이슈를 특정 시각에서 바라보게 만들 수 있다. 언론의 경우, 다양한 이슈 중 보도할 만한 특정 이슈를 정할 때 '무엇'을 다룰지 정하는 것을 '1단계 의제 설정'이라 하고, '어떻게' 그러한 이슈를 바라보도록 전달할 것인지를 '2단계 의제 설정'이라고 한다.

언론과 미디어의 의제 설정 역할은 사회에 미치는 영향력이 워낙 막강하기에 언론과 미디어는 정보의 '문지기gate keeper'로 불려 왔다. 특히 매스미디어 시대에는 다양한 사회 이슈에 대한 정보 접근이 제한적이었기 때문에 언론과 미디어가 개인의 정보분별에 미치는 영향이 결정적이었다. 많은 연구를 통해 언론이 많이 보도한 이슈의 순위와 사람들이 중요하게 생각한 이슈의 순위가 서로 같다는 것이 반복적으로 확인되어왔다. 특히 선거철에 유권자의 투표에 미치는 언론의 영향력은 절대적인 것으로 인식되고 있다.

정보분별을 위해 우리 뇌가 사용하는 '인지적 프레임cognitive frame'은 개인이 다수의 정책이나 선거 후보자와 같이 여러 선택지 중에서 특정 정책이나 후보자를 선택할 때 활용하는 전략이다. 사람들은 다양한 선택지에 대해 완벽한 대안보다는 대체로 '충분히 좋은good enough' 대안을 선택하는 경향이 있다. 정보분별을 위해 모든 선택지의 결과를 일일이 예상하며 수많은 정보를 직접 분석하고 탐색, 고민해야 하는 '지적 수고'를 줄이려는 전략이다. 이처럼 정보 분석에 들어가는 인지적 자원과 에너지를 절약하려는 성향 때문에 커뮤니케이션 학계에서는 인간을 '인지적 구두쇠cognitive miser'라고 묘사한다.

그렇다면 큰 노력을 들이지 않고도 충분히 좋은 선택지를 고르기 위해서 사람들은 대개 무엇을 참고할까?

복잡한 분석이 필요한 중요 사안에 대한 정보분별을 위해 취하는 가장 쉽고 효율적인 방법은 내가 믿고 있는 사람이나 나 대신 합리적 정보분별을 해줄 수 있는 사람의 판단을 '지름길' 또는 '단서'로 삼는 전략이다. 신뢰하는 존재의 판단을 나의 판단으로 삼는 전략이다. 어떤 대상에 대해 자신이 신뢰하는 지인, 지지하는 정치인, 정당, 전문가나 단체, 언론의 판단을 나의 평가 기준으로 삼는 것이 효율적인 정보분별 전략인 것은 일정 부분 사실이다.[18]

물론 이런 정보분별 전략은 신뢰하는 존재의 판단을 나의 판단으로 삼는 것이기 때문에 완벽한 전략은 아니다. 다만, 자신의 뇌에 스트레스를 주지 않는 아주 편안한 전략이자 나의 선호와 가치를 거스르는 정보를 접할 일도 줄일 수 있어 나의 뇌가 고생할 일이 그만큼 줄어드는 것이다. 이는 제한된 정보를 통해 합리성을 추구하며 효율적으로 의사결정을 하려는 방식이므로 '제한된 정보 합리성'을 추구한다고 볼 수 있다.[19] 가령, 중요한 강연 자리를 빛내줄 연사를 섭외하기 위해 널리 인정받는 유명인을 섭외한다거나 내가 신뢰하는 지인에게 전문가를 소개받는 것도 정보가 제한적인 상황에서 최대한 신속하고 안전하게, 그리고 성공적으로 좋은 연사를 확보하려는 방법이다. 온라인 쇼핑에서 상품을 사기 위해 이미 구매한 사람들의 후기를 읽어보는 것도 비슷한 정보분별 전략이다.

오늘날 인공지능 알고리즘이 생성하는 정보의 규모와 정보전달 속도를 고려해보면, 인공지능으로 만들어내는 정보가 모두 사실이나 진실은 아니므로 우리의 정보분별 여건은 대단히 나쁘다고 할 수 있다. 우리가 필요로 하는 정확한 정보뿐만 아니라 부정확한 정보나 '딥페이크deep fake' 영상처럼 심지어 의도적으로 속이기 위한 목적으로 만들어진 왜곡된 정보도 많다. 인간뿐만 아니라 인공지능 알고리즘 프로그램인 각종 봇bots이 생성하는 정보도 넘쳐난다. 게다가 나의 정치적 성향과 선호를 이미 파악하고 있는 알고리즘이 나에게 객관적인 현실을 보여주는 대신, 나의 선호도에 맞춰 특화된 정보만을 제공해 줄 가능성도 점점 커지고 있다.

현대인은 많은 정보를 접하는 시대에 있지만, 올바른 정보분별을 위해서는 우리에게 맞춰진 알고리즘을 거슬러 더 다양하고 더 객관적인 정보를 스스로 찾아 나서야 하는 상황에 놓이게 된 셈이다. 개인의 정보분별 역량, 즉 미디어 리터러시media literacy 능력이 과거보다 훨씬 더 강조되는 이유다. 이는 인간이 방대한 정보 속에서 거짓과 진실을 스스로 분별할 수 있어야 하기 때문이다. 현대의 정보환경은 인류에게 오히려 더 큰 인지적 스트레스를 부가하고 있는지도 모른다.

#2

뇌가 원하는 것:
사랑, 이별, 전투에 임하는
뇌의 비밀

뇌는 생존보다 쾌락과 스릴을 즐긴다?

인간의 욕구는 식욕, 수면욕, 성욕 등 생존을 위한 기본 욕구와 깊이 연결되어 있다. 이러한 욕구는 다른 동물도 가지고 있는 기본적인 본능이며, 충족되지 않으면 생명의 위협을 받는다.

미국의 심리학자 에이브러햄 매슬로우Abraham Maslow는 인간의 욕구를 다섯 단계의 위계적 욕구로 설명했다. 그는 가장 기본적인 수준의 욕구인 식욕, 수면욕 등 '생리적 욕구'가 채워지면 인간은 그다음 단계의 상위 욕구를 원한다고 주장했다. 말하자면, 생리적 욕구 다음으로 '안전 욕구', '애정과 소속 욕구', '자기 존중 욕구', 그리고 '자아실현의 욕구'를 차례

대로 추구한다는 것이다.

그런데 정말 그럴까? 사람들이 욕구를 충족시키는 모습을 관찰해보면, 인간은 '욕구'를 채우기 위해 오히려 자신의 생존 가능성을 감소시키는 일들을 끊임없이 과도하게 추구하는 것처럼 보인다.

가장 낮은 단계 욕구인 '생리적 욕구'를 해소하려는 인간 행위만 봐도 인간이 정말 절실하게 찾는 것이 '생존'인지 의문스러워진다. 많은 사람이 자신의 생존에 필요한 음식의 양을 초과해서 과식한다. 과식은 생존에 불리한 비만과 각종 성인병을 유발하는데도 말이다. 성욕의 경우는 더욱 기이하다. 무분별한 성관계는 매독이나 에이즈 등 끔찍한 질병에 걸릴 위험을 높이지만 인류 역사에서 매춘은 계속되고 있고, 성적 욕구를 채우기 위한 폭력적 범죄도 전 세계에서 일어나고 있다.

생리적 욕구 바로 위의 단계인 '안전에 대한 욕구'와 관련된 인간 행동도 이상한 점이 한두 개가 아니다. 왜 많은 사람이 무서워하면서도 번지점프나 롤러코스터의 스릴감을 즐길까? 생명을 소중히 여기는 인간이 왜 폭력과 살인 장면이 난무하는 자극적인 범죄영화나 공포영화를 즐길까? 약물 중독자들은 자신의 뇌와 육체가 망가지는데도 불구하고 왜 마약을 탐닉하는 것일까?

　매슬로우가 언급한 생리적 욕구 외의 나머지 욕구들은 과연 인간의 생존 가능성을 높이는 욕구일까? 자기 존중이나 자아실현의 욕구가 충족되지 못할 경우, 사람들은 법적 처벌을 받을 수 있는 위험한 행위를 하거나 자신의 육체를 해하는 행동을 취하기도 한다. 다른 사람에게 무시를 당했다고 폭력을 행사하거나 심지어 모르는 사람을 살해하는 사람이 있고, 학교나 직장에서 불명예스러운 일을 경험하고 식음을 전폐하거나 삶을 마감하려는 사람도 있다.

　욕구가 충족되지 않았다고 생리적 욕구에 반하는 행동을 하는 우리 인간의 뇌는 잘못된 명령을 내리고 있는 걸까? 우리 뇌는 정말 생존을 돕고 있는 걸까? 인간 신체의 사령탑인 뇌는 왜 인간이 자신의 생존을 위험에 빠뜨리는 선택을 통제하지 못하는 걸까? 뇌에 무슨 문제가 있는 것인가, 아니면 뇌가 원하는 걸 우리가 잘 모르는 것인가?

도파민을 탐닉하다 망하는 인생

　인간의 전전두엽 피질에서 분비되는 '도파민'은 일명 '쾌락 호르몬'으로 불리며, 뇌 신경세포의 흥분 전달 역할을 담당한다. 기분을 비롯해 운동기능, 동기부여, 보상시스템, 학습과 집중력 등에 영향을 미치는 신경전달물질이자 호르몬이다.

　인간에게 즐거움과 쾌락을 선사하는 도파민은 새로운 배움과 학습에 도움을 주고 사춘기 시기의 성장에도 도움을 준다. 그러나 도파민 수치가 정상범위를 벗어나 지나치게 높거나 낮으면 정신이나 육체 상태에 여러 가지 문제를 초래할 수 있다. 파킨슨병, 하지불안증후군, 주의력결핍과잉행동장애

ADHD, 우울증, 정신분열증 등이 모두 도파민 불균형과 관련이 있다. 도파민은 또한 도박중독, 약물중독, 음식중독 등 섭식 이상행동이나 게임중독 등 다양한 중독행위에도 관여한다.

도파민 수용체 유전자에 변이가 발생하는 현상, 즉 도파민을 인식하는 뉴런 수용체가 제대로 기능하지 못하면 주의력을 관장하는 뇌 부위의 조직두께가 얇아지면서 '주의력 결핍 과잉행동 장애'가 나타난다. 특히 전두엽이 완전히 발달하지 않은 어린이들이 스마트폰을 자주 사용하거나 게임에 중독되면, 뇌가 강한 자극에 빈번하게 노출되면서 전두엽이 도파민 분비량을 제대로 조절하지 못하게 된다. 우리나라에서는 2022년 ADHD 환자가 2018년에 비해 82.5% 증가했고, 2023년에는 14만 9,272명으로 4년 전과 비교하면 2배가 늘어났다. 이러한 증가 추세는 전 세계적인 현상인데, ADHD 환자가 증가하는 현상이 스마트폰 사용의 증대와 직접 인과관계가 있는지는 명확하지 않지만, 과도한 스마트폰 사용이 ADHD 증상을 악화시키는 데에 영향을 끼치고 있음은 추측해볼 수 있다.[20]

ADHD가 도파민과 관련이 있기 때문에 고통을 이길 수 있는 능력을 기르는 운동은 ADHD를 극복하는 치료 방식이 될 수 있다. 운동은 집중력, 동기부여, 기억력 등을 향상시켜 ADHD 증상을 줄일 수 있는 효과적인 방법이다. 운동은 즉각적으로 집중력, 주의력과 관련된 호르몬인 도파민, 노르에피네프린, 세로토닌 등의 수치를 높여준다. 2004년 아테네 올림픽부터 2016년 리우 올림픽까지 네 차례의 올림픽에서 금메달 23개 등 총 28개 메달을 거머쥔 미국의 수영 선수 마이클 펠프스, 2016년 리우 올림픽에서 여자체조 개인종합 부문에서 우승한 미국 선수 시몬 바일스, 2020년 도쿄 올림픽 여자마라톤 동메달리스트 몰리 세이델은 모두 운동을 통해 ADHD를 극복한 대표적인 사례다.

소셜미디어 사용 외에도 최근 확산되고 있는 청소년과 성인의 마약 투약 역시 도파민에 대한 경각심을 일깨우고 있다. 단 한 번의 투약만으로 평생 분비될 수 있는 양의 도파민이 분비되기 때문에, 극도의 쾌락을 경험한 투약자는 일상생활에서 마약 외의 정상적인 방법으로는 쾌락을 경험하기 어렵게 된다. 마약에 중독된 개인은 정상적인 의사결정이나 감정 제어, 통제가 어렵게 되면서 범죄를 저지를 가능성도 증가한다. 도파민 탐닉은 뇌 손상을 일으키고, 손상된 뇌는 여러 부정적 감정 상태를 만들 수 있기 때문이다.

즉각적인 보상에 길든 인간의 뇌는 지루함이나 작은 불편함을 참을 수 없게 되고, 인내심도 없어지며, 다양한 장애와 어려움에 취약한 상태가 된다. 결국, 뇌가 즐거움을 탐닉하고 빠르게 쾌락에 빠질수록 어렵고 복잡한 문제를 다루고 해결할 의사결정 능력은 떨어진다. 스마트폰이나 인터넷과 연결된 다양한 전자기기의 잦은 사용으로 뇌가 원하는 쾌락을 언제든지 쉽게 채워줄 수 있는 오늘날의 정보환경은 그런 점에서 보면 우리 뇌 건강에 매우 위협적이다. 호주 의회가 2024년 11월 부모의 동의 여부와 관계없이 16세 미만 청소년의 소셜미디어 사용을 전면 금지하는 법안을 통과시킨 것도 이러한 맥락에서다.

그런데 어린이뿐만 아니라 어른도 심각한 중독 현상을 보이는 전 세계 스마트폰 이용 실태를 고려하면, 이러한 집단적인 뇌 상태는 사회와 국가 전체에도 영향을 줄 수 있다. 만약 소셜미디어를 통해 자극적인 콘텐츠를 계속해서 접하는 것만으로도 뇌를 망가뜨릴 수 있다면 이러한 방식으로 외부 적국이 한 사회나 국가를 파괴할 수도 있을 것이다. 공격 대상으로 삼은 사회 전체 구성원들이 스마트폰에 중독되도록 온갖 음모론과 가짜뉴스를 포함한 자극적인 콘텐츠를 끊임없이 제공하고, 그 사회 구성원들이 그러한 콘텐츠를 믿게 만든다면, 피를 흘리지 않고도 그 사회를 장악하는 무혈전쟁이 충분히 가능할 수 있다는 얘기다.

이처럼 보이지 않게 사람들의 생각을 망가뜨려 결국은 공격 대상 국가를 파괴하려는 전쟁이 곧 '인지전cognitive warfare'이다. 국가 간에 은밀하게 전개 중인 인지전을 이해하려면, 공격의 대상이 되는 뇌의 작동 방식을 우선 제대로 알아야 한다.

도파민 연애 전술

이성과의 관계에서 늘 문제가 되는 것은 시간이 지나면서 두 사람의 마음이 변하는 일이다. 그렇게 즐겁고 행복했던 순간들이 모두 사라지고 한 쪽의 태도가 점차 변하고 불친절해지거나 소홀해지면, 상대방이 서운함을 표출하고 시비를 걸며 다투다가 서로 상처를 주면서 결국 관계가 파괴되는 장면을 연출하게 된다.

그런가 하면 익숙한 여자 친구보다 낯선 여자가 더 예뻐 보이고, 매일 만나는 남자친구보다 우연히 한번 본 낯선 남자가 더 궁금해진다. 왜 그럴까? 변심의 원인은 뇌가 '도파민'을 갈망하여 새로운 자극을 탐하기 때문이다. 물론 처음 보는 모든 이성이 전부 매력적으로 느껴지는 것은 아니다. 그러면 어떤 경우 처음 보는 이성에게서 도파민이 분비될 만큼 서로에게 끌리며 설렘을 느끼게 되는 걸까?

2023년 넷플릭스의 예능 프로그램 '데이팅 라운드Dating Around'는 남녀의 첫 데이트 후 어떤 변수가 두 번째 만남으로 이어지는지를 실험했다. 실험 결과, 남성은 상대 여성이 눈을 맞추거나 미소를 짓는 등 적극적으로 대화에 호응하는 '관여' 행위에 호감을 느꼈다. 한편 여성은 친절과 예의를 보여주는 남성의 '매너'에 긍정적인 반응을 보였다. 남성은 자신에게 호감을 표현하는 여성에게 끌렸고, 여성은 상대 남성이 적절한 사회적 예절을 잘 갖추고 있는지를 눈여겨봤다.[21]

친절함과 예의 바름, 정중함과 사려 깊음은 우리가 어린 시절부터 가정과 학교, 사회에서 끊임없이 배우고 요구받는 중요한 덕목이다. 이러한 가치를 잘 내면화한 남성은 성인이 되어서도 자연스럽게 여성의 호감을 얻기 쉬운 조건을 갖추게 된다.

그러나 안타깝게도 연애 초기에 상대가 보여주었던 친절함과 신사다움, 따뜻한 눈 맞춤과 미소는 시간이 흐르면서 무뚝뚝함과 불친절, 무례함, 시선 회피, 그리고 냉랭한 표정으로 변할 수 있다. 관계가 깊어지면서 서로 다른 가치관과 생활

습관이 충돌하기도 하고, 의견 차이가 갈등의 원인이 되기도 한다. 원하는 때에 상대를 만날 수 없거나, 기념일에 기대했던 작은 선물조차 없었던 경우, 또는 상대가 즐기는 취미나 사회적 관계가 두 사람 사이를 멀어지게 만들기도 한다. 이처럼 수많은 변수가 작용하면서 연애 초반에 상대에게 집중하고 배려하며 양보했던 태도, 적극적으로 공감하고 호응했던 자세는 점점 사라지게 된다. 도대체 무엇이 문제일까?

연애를 통해 경험하는 좋아하는 사람과의 친밀함은 우리에게 소소한 즐거움과 삶의 동력을 부여한다. 나 자신에게 대단히 큰 이익인 셈이다. 마찬가지로 내가 아낌없이 베푸는 친절함과 얘기를 들어주는 따뜻함은 상대에게도 무엇과도 바꿀 수 없는 이익이다. 이는 타인에게서는 절대 기대할 수 없는 무상의 서비스다. 상대가 자발적으로 나에게 좋은 것을 제공하기 때문에 행복하고, 나 또한 좋은 것으로 보답하며 상대의 지속적인 친절과 사랑을 유지하고 싶어진다. 이런 반복적인 친밀함과 배려 속에서 두 사람의 관계는 점점 단단해지고 안정된다. 하지만 동시에 연애 초반의 설렘과 신비로움은 점차 옅어져 간다. 서로에 대한 정보가 쌓이고 상대를 너무 잘 알게 되면서 추가적인 자극이나 도파민이 분비되게 할 재료가 점점 줄어들기 때문이다. 그러면 어떻게 해야 할까?

해결 방법은 의외로 간단하다. 뇌가 정보에 반응하는 방식을 이용하면 된다. 인간의 감정, 특히 행동으로 연결되는 감정의 작동 메커니즘을 이용할 수 있다. 가장 적극적인 방법은 도파민 분비를 촉발하는 전략을 사용하는 것이다. 커플 사이에 악감정이나 특별한 갈등이 없는 경우에는 효과를 기대할 수 있다. 상대방으로부터 잠시 거리를 두고 나 자신에게 집중하는 것이다. 다시 말해 '낯선 나'가 되어 새롭게 집중할 대상을 찾는 것이다. 새로운 관심사를 찾고 배우고 도전하며 성장하는 태도를 유지한다면, 나는 결코 같은 모습으로 머무를 수 없다. 내가 변하면 그것은 상대에게 새로운 자극이 된다. 상대에게 나의 변화는 신기할 것이고, 그러면 나에 대해 다시 궁금해할 것이다. 나의 변화가 연애의 활력을 되찾는 열쇠가 될 수 있다.

갑자기 변화를 꾀하기가 쉽지 않다면, '징벌적인 방법'을 활용할 수도 있다. 첫 데이트 후 두 번째 만남으로 이어지는 메커니즘을 역이용하는 방법이다. 상대가 나를 불쾌하게 했을 때, 즉각적으로 화를 내거나 불만을 표시하지 않고, 대신 상대가 당연하게 여겨온 나의 친절 중 일부를 조심스럽게 거둬들이는 것이다. 매일 아침 보내던 '굿모닝' 인사나 밤마다 나누던 '굿나잇' 문자나 통화를 어느 날 고의로, 그러나 상대가 나의 의도를 눈치채지 못하도록 자연스럽게 멈추는 것이다. 상대는 익숙하게 받아왔던 배려가 갑자기 사라졌다는 사실을 인지하게 되면서 예상치 못한 결핍에 대해 놀랄 것이다. 이 순간, 상대의 뇌는 자극을 받게 되고 서로의 관계를 놓고 새로운 관심과 긴장감을 가질 수 있다. 상대가 나를 배려하는 마음에서 자신의 행동을 교정하려 할 때, 다시 원래의 친절을 제공하여 자연스럽게 뚜렷한 메시지를 전달할 수 있다. "네가 변하지 않는다면, 나도 네가 좋아하는 행동을 계속할 거야." 굳이 이 거래를 말로 설명하지 않아도 상대는 메시지의 의미를 깨닫게 된다. 일방향의 사랑은 절대 지속될 수 없기 때문이다.

이와 같은 징벌적 심리 전술을 사용하려면, 한 가지 전제가 필요하다. 만약 내가 상대에게 늘 불친절하고 욕설을 일삼았다면, 징벌적 방법은 오히려 관계를 즉각적인 파국으로 몰고 갈 수 있다. 징벌의 심리 전술이 효과를 발휘하려면, 내가 상대에게 대체로 친절했다는 것이 전제되어야 한다.

한편, '슬픔'의 감정은 문제해결을 위한 적극적인 행동으로 이어지기보다 오히려 사람을 무기력하게 만들기 때문에 만약 연애 상대가 나와의 관계에서 슬픔이나 우울함을 느끼고 있다면, 이는 두 사람의 관계가 가장 위험한 상황에 접어든 것이라고 말할 수 있다. 우울한 사람은 세상사에 무감각해지고, 타인에게서도 관심을 잃게 된다. 애착 관계에서 한 사람이 슬픔과 우울함에 빠져든다면, 관계 개선에 적극성을 보이기 어렵고 다른 한쪽이 아무리 관계 개선을 위해 노력해도 효과를 얻기 힘들다. 결국, 관계의 지속 여부가 한 사람의 의지에 달리게 되므로 관계의 불균형은 애착 관계를 더 쉽게 무너뜨린다.

이 원리는 부모와 자식 간의 의견 차이와 갈등 해결에도 적용될 수 있다. 도파민의 보상 원리를 이용하면 심리적 협상 전략이 가능하다. 가령, 어린 자녀가 불합리한 요구를 하며 떼를 쓸 때 부모가 이를 즉각적으로 들어주면, 아이는 떼쓰기가 원하는 걸 얻는 효과적 수단이라는 잘못된 교훈을 학습하게 된다. 부모와의 이러한 상호작용이 계속되면, 자녀는 성인이 되어 연인을 만나고 배우자를 만나서도 같은 방식으로 관계를 형성하려고 할 것이다. 자신의 요구만 고집할 것이고, 상대와의 협상을 통해 양보하면서 원하는 것을 조율하는 커뮤니케이션 방식을 배울 기회를 박탈당하게 되는 것이다.

아름다운 이별 노래,
알고 보면 손해 보기 싫은 속마음

　세상의 유명한 노래 중 상당수는 '사랑'을 주제로 한다. 그러나 안타깝게도 그 노래 속 사랑은 대개 이별로 끝난다. 사랑 노래에는 이제 막 누군가를 좋아하게 된 '설렘', 상대에 대한 '바람과 기대', '상상'을 읊는 가사들이 많다. 사랑 노래의 압도적인 비율이 상대에 대한 정보가 충분하지 않은 상태, 즉 사랑의 '시작' 단계에 관한 내용이다.

　사랑의 시작에 대한 노래가 아닌 경우는 주로 짝사랑의 아픔, 이별의 슬픔, 혹은 이미 끝난 사랑을 향한 그리움을 담고 있다. 그런데 연애를 오랫동안 지속해온 연인이나 20년 이상 함께한 부부의 사랑을 노래한 곡은 좀처럼 찾아보기 어렵다. 왜 그럴까?

우리가 '사랑'이라고 부르는 감정의 실상을 현실적으로 들여다보자. 내가 좋아하는 사람과 곧바로 연애를 시작하게 될 확률은 사실상 그리 높지 않다. 내가 누군가에게 반한다면, 그의 매력은 다른 이성들에게도 비슷한 힘을 발휘할 가능성이 크다. 사랑은 상대를 쟁취해야 하는 경쟁적인 상황에서 상대도 나에게 호감을 느껴야만 성사된다. 심지어 그렇게 어렵게 시작된 사랑이라 할지라도 처음의 약속 그대로 사랑이 변하지 않고 끝까지 이어지기도 어렵다.

많은 노래 가사도 '저 사람은 나를 좋아할까?', '내가 사귀는 이 사람은 나를 정말 사랑하는 걸까?' 등의 의문을 담고 있다. 상대방의 마음에 대한 정확한 정보분별조차 안 되는 상황을 다룬 노래가 사랑 노래로 둔갑한 것이다. 이별 노래는 더 인기를 끌고, 더 많은 이들의 공감을 얻는다. 즐거운 사랑보다 슬픈 사랑 노래가 더 빈번하게 불리고 있다. 사랑을 이루거나 지속하는 것보다 오히려 이별이 마음 편할 때가 있다. 갈등의 종식이기 때문이다. 그런데도 싸우고 헤어진 후 '상대가 나를 잊지 않았으면'하는 바람이나 원망이 이별 노래에 가득하다.

그러나 현실은 냉정하다. 모든 연인이나 이혼한 부부들은 헤어질 만한 이유가 있어서 헤어진 것이고, 자신의 모든 것을 내놓고 사랑할 만큼 자신을 희생할 마음이 없었던 거다. 사랑이 식는 것은 상대가 점점 매력 없게 느껴지기 때문이다. 우리는 종종 상대에 대해 내가 품었던 기대가 무너지거나 내가 상상했던 상대의 모습이 아니라 상대의 진짜 본질을 알게 돼 실망하면 '나의 사랑이 식었다'라고 착각한다. 상대의 실체를 알게 되는 과정은 불가피하게 실망스러울 수밖에 없다. 그리고 상대의 실체가 드러난 것을 '상대가 변한 것'으로 간주하기도 한다. 상대방은 변한 것이 아니고 그저 원래의 모습이 드러난 것이기에, 상대방 입장에서는 억울한 일이다.

대중가요에는 '내가 좋아하는 사람이 다른 사람을 좋아해도 나는 여전히 그 사람을 바라보고 있고, 그 사람이 행복하길 바란다'라는 희생적인 마음을 담은 가사도 많다. 그러나 솔직히 이런 마음을 갖기는 쉽지 않다. 아니, 절대 그렇지 않다. 사랑 노래는 우리를 기만적으로 위로하고 있는 셈이다. 실제로는 내가 좋아하는 사람이 다른 사람을 좋아할 때 분노하거나 그들의 관계가 끊어지기를 바라는 경우가 많다. 나와 헤어진 사람을 원망하는 것이 오히려 더 현실적이다. 또한, 짝사랑하던 사람과 결국 연애하지 못하게 될 경우, 그 상대를 부정적으로 재평가할 가능성이 크다. 사람들은 상처받기를 두려워한다. 상대방의 행복을 빌기보다 내 마음이 다치지 않도록 하는 방어기제를 먼저 가동한다.

짝사랑하는 사람이 다른 사람을 좋아하는데도 그 사람을 좋아한다고 말하는 노래들은 사실 짝사랑을 '받는' 사람의 속마음일 가능성이 크다. 우리가 그동안 속아온 것은 아닐까. 작사자는 짝사랑을 받는 사람의 희망 사항을 노래한 것이다. 즉 내가 다른 사람을 사랑해도 나를 짝사랑하는 사람이 여전히 나를 계속 좋아해 주길 바라는 이기심을 노래했다고 보는 게 더 자연스럽다. 인간은 이기적이기 때문이다.

그렇다면 사랑 노래는 왜 이렇게 기만적일까? 작사가들은 대체 무슨 생각을 하며 가사를 쓴 걸까?

누군가를 좋아하는 감정은 등가적인 수준의 좋아하는 감정을 상대방으로부터 돌려받지 못하면 상처가 된다. 그 상처의 크기는 상대방을 좋아하는 자신의 마음에 비례한다. 모든 연인이나 부부, 이성 관계에서 상대방으로부터 내가 원하는 것을 얻는 건 결코 쉬운 일이 아니다. 살아온 삶의 배경, 가정 교육, 가치관, 정치적 신념, 금전이나 시간에 대한 개념, 남녀 역할을 둘러싼 기대나 고정관념 등 여러 측면에서 자신과 다른 사람과 관계를 시작하기 때문이다. 특히 상대방에게 받고 싶은 게 많은 애착 관계나 연인 관계에서는 마치 업무적 협상이 필요한 상대를 마주하고 있는 것과 같은 긴장된 상황에 놓이게 된다. 그리고 아무리 서로 사랑해도 갈등은 발생할 수밖에 없다.

사랑 노래의 가사를 쓴 작가는 실제 연애 관계가 시작되고 그것이 종료되는 과정을 미화할 유인이 크다. 실패한 관계에 대해서도 여러 가지 이유로 그 실패를 합리화하고 포장하는 방식으로 실연한 그 누군가에게, 혹은 작가 자신을 위로하려는 목적이 있을 것이다. 대중이 그 노래를 좋아하게 만들려면, 청자의 공감이 필요하고, 청자의 마음을 불편하게 만들기보다 청자를 기분 좋게 만들어주어야 한다. 실패한 관계에 대해서도 애써 안 좋은 일의 원인을 파헤치고 드러내기보다는 최대한 아름답게 포장하는 것이다. 즉, '방어기제'를 가동하는 것이다.

"내가 화를 냈지만, 난 늘 그러고 나서 후회해. 난 널 사랑하는데, 내가 왜 그랬을까?"
"우리는 헤어졌지만, 어디에선가라도 스쳐 우연히 다시 만나고 싶어."
"난 위험한 사람이야. 널 위해 내가 떠나줄게."

이런 내용들은 너무 자주 들은 이야기지만, 정말 제대로 직시하면 참으로 비겁하지 않은가. 자신이 화를 내고 불친절했다면 사과하고 용서를 구해야 하는데, 자존심이 상해 그렇게 하지 못하겠다는 것이다. 실상은 이렇지 않을까. 헤어진 후 상대방이 궁금한 것은 그저 그런 상황에서는 어떤 느낌일지, 약간의 스릴감을 기대하는 것에 불과할 수 있다. 헤어진 후 자신이 예뻐졌다면, 상대방에게 달라진 모습을 보여주며 복수하고 싶을지도 모른다. 어떤 면에서는 이별 후 자유를 누리게 되었으니, 너와 헤어지는 것이 솔직히 나에게는 이익이라는 생각도 든다. 이런 마음이 진짜 속마음이고, 더 현실적이며 합리적이지 않을까.

물론 이별 노래 중에는 상대방을 원망하고 저주하는 노래도 있지만, 그런 노래들은 인기가 없다. 그 이유는 뭘까? 사람은 실패하기 전에 그 관계를 위해 자신이 쏟아부었던 에너지, 돈, 시간을 생각하며 손해를 입었다고 생각한다. 그래서 그 실패한 관계에 애써 의미를 부여하고 가치와 교훈을 부여해 그 시간을 온전히 이익의 영역으로 만들고 싶어 한다. 이는 철저한 자기 보호이자 방어기제이며, 자신을 위로하고 아끼려는 행위다. 오히려 사랑의 실패를 통해 자신은 더 성숙한 사람이 되었고, 다음 연애와 사랑은 더 잘하리라는 희망을 노래하고 싶은 마음이 이별 노래의 진짜 속마음일지도 모른다.

당신의 어두운 과거를 쉽게 드러내지 말라

    우리는 다른 사람들에게는 드러내지 않는 자신에 대한 많은 정보를 믿을 수 있는 친구에게 공유한다. 사람들이 인간관계에서 상대방을 신뢰한다고 느낄 때, 자연스럽게 드러내게 되는 중요한 정보는 자신의 '역사'다. 내 가족 이야기, 내가 겪은 삶의 경험, 고민과 어려움, 성취와 실패, 타인과의 관계 등 나의 역사를 상대에게 개방하게 된다.

    나의 역사를 누군가에게 드러내는 일은 대단히 특별한 일이다. 이는 상대방이 나를 받아들이게 만드는 일종의 '의식'이다. 나의 역사를 알게 된 상대는 나에 대한 감정이입이 가능해지고, 향후 내 단점이나 실수를 놓고도 다른 사람들보다 더 잘 이해할 수 있다. 나의 역사를 아는 상대는 다른 사람들이 나를 비판할 때 쉽게 동조하지 않을 수도 있다. 하지만 이런 친구와 사이가 나빠지거나 혹여 적이 된다면, 그 친구는 나를 가장 쉽게 무너뜨릴 수 있는 존재가 될 수 있다. 나에 대해 너무 잘 알기 때문에 내 약점을 가장 효과적으로 악용할 가능성이 있다.

부부관계를 상담하는 많은 심리상담사나 전문가가 내담자의 부모, 형제, 자매, 남매와의 관계 등 과거 가족생활을 꽤 구체적으로 묻는 이유는 내담자 개인의 역사에 대한 정보가 내담자가 풀기 어려워하는 문제의 성격을 이해하는 데에 매우 유용하기 때문이다. 인정에 인색한 부모나 폭력적인 부모의 자녀는 성인이 되어 이성과 연애할 때 자신을 무시하거나 폭력을 행사하는 연인에 대해 관대하며 관계를 지속할 가능성이 크다고 한다. 이는 부모와의 부정적인 경험이 익숙하기에 연인의 폭력적 행위에 대해서도 익숙해하기 때문이다. 이런 사람들은 부모의 불인정이나 폭력을 경험하지 못한 사람보다 그러한 부정적 상황에 대해 불편함을 덜 느낀다.

그러면, 사람이 아닌 어떤 국가의 역사를 알게 될 경우, 그 국가에 대한 인식에는 어떤 변화가 있을까?

세계의 많은 국가가 자국을 다른 나라에 홍보하고 알릴 때 빠뜨리지 않고 반드시 포함하는 정보는 바로 자국의 '역사'다. 국가가 추구하는 국내 정책을 비롯해 외교정책, 군사정책을 다른 국가와 국민, 그리고 국제사회가 비판하지 않게 만들려면 풍부한 정보를 선제적으로 제공하여 충분히 이해할 수 있게 만들어야 하기 때문이다.

미국, 일본, 중국, 러시아 등지에서 오랜 기간 유학을 한 전문가가 그 국가에 대해 비교적 호의적인 태도를 보이는 것도 비슷한 이유다. 이들은 그 국가에서 긴 시간 기거하면서 그 국가의 사회, 문화, 시민들을 직접 체험했기 때문에 해당 국가의 국내외 이슈와 관련한 입장이나 행위를 세밀하게 이해할 수 있게 된다. 이렇게 특정 대상의 과거와 역사를 잘 알게 된다는 것은 그 대상에 대한 단순한 정보 습득 이상의 의미가 있다.

새해 결심을 공개할 것인가, 숨길 것인가

새해가 되면 많은 사람이 자신의 신년 계획을 주변 지인이나 소셜미디어 등에 공개하곤 한다. 미리 계획을 공개함으로써 그것을 지키지 않을 경우, 주변 사람들로부터 부정적인 평가를 받게 될 것을 스스로 경고하는 방법이다. 즉 '수치심' 혹은 '실패자'로 보일 수 있는 공포와 두려움을 나의 계획 달성을 위해 이용하는 일종의 자기 자신에 대한 심리 전술이다.

한 소셜미디어 플랫폼에서 결심을 공개하는 것이 결심을 이행하는 데에 도움이 될지 아니면 반대의 효과가 있을지를 놓고 토론이 벌어진 일이 있다.[22] 이는 결심을 공개하는 것이 계획의 실행에 유리하다는 통념에 대해 반대 의견이 나오면서 논쟁이 붙은 것이다.

반대 의견을 낸 논객은 뇌 과학의 시각에서 의견을 개진했다. 계획을 선제적으로 공개하는 전술은 단기적으로는 자신에게 도움이 될 수 있지만, 장기적으로는 그렇지 않다는 것이다. 개인이 자신이 원하는 목표를 달성하겠다고 공개적으로 발설하는 순간, 주변 사람들은 긍정적인 반응을 보일 것이고, 그러한 반응으로 결심을 공개한 개인은 '목표가 이루어지지도 않았는데' 성취감에 취할 수 있기 때문이다. 결심을 이행하기 전 단계에서의 도파민 효과가 오히려 목표 달성에 방해가 된다는 주장이다.

즉, 단지 이루겠다고 선언한 계획에 대한 보상이 선언한 사람에게 즉각적으로 주어지므로 결심을 말한 사람에게서 도파민이 분비되고, 이미 보상을 맛본 뇌는 그 행동을 추구하는 동력을 상실할 수 있다는 가정이다. 단기적으로는 주변으로부터 인정을 얻어 기분이 좋겠지만, 장기적으로 이 공개 전략은 목표를 실제로 이루는 데에는 효과적이지 않다는 뜻이다. 결심을 공개하지 않으면서 도파민 분비를 차단하고, 그 결심을 실천에 옮겨 목표를 성취할 때까지 원하는 즐거움의 보상을 미루는 것이 오히려 실제 목표 달성에 더 큰 동력이 된다는 설명이다. 그럼, 이제 당신이라면 앞으로 새해 결심을 곧

바로 공개할 것인가, 아니면 이루어질 때까지 감출 것인가?
당신의 의지에 달린 문제지만, 그 의지가 결국은 우리의 마음
과 행동에 영향을 끼치는 뇌의 작동 방식과 무관하지 않다는
것을 참고하자.

나쁜 중독을 극복하는 달리기 중독?

심리학적으로 '행위중독'은 '특정한 행동 패턴을 반복하며 통제력을 잃는 상태'를 의미한다. 이러한 중독을 성공적으로 극복한 많은 사람은 중독된 행위에서 벗어나는 과정에서 삶의 태도까지 변화했다는 경험을 이야기한다. 행위중독이 현실도피의 방편이 되는 면도 있기 때문에 중독된 행위를 멈춘다는 것은 '현실을 직시하고 더 이상 도피하지 않는다'는 말이 되기도 한다.

새해 결심으로 자주 거론되는 금연, 금주 혹은 게임 시간 단축 등도 모두 중독적 행위에서 벗어나려는 내용이다. 그런데 '달리기'가 이러한 행위중독을 해결하는 데에 효과적이라고 알려져 있다. 미국의 오디세이 하우스Odyssey House는 약물 중독을 치유하기 위한 재활센터인데, 입소자들에게 달리기 프로그램을 제공한다. 왜 달리기가 그런 효과를 가져올까?

사실 달리기와 같은 운동도 인터넷 중독, 쇼핑 중독, 섹스 중독 등과 마찬가지로 중독적 행위가 될 수 있다. 즉 오디세이 하우스는 약물중독을 달리기 중독으로 교체하는 전략을 사용하는 것이다. 나쁜 종류의 중독을 좋은 형태의 중독으로 바꾸는 일인 셈이다.

중독행위에 관여하는 호르몬은 도파민뿐만이 아니다. 달리기나 격렬한 유산소 운동을 지속할 때, 뇌하수체 전엽에서는 '엔도르핀'이라는 호르몬이 분비된다. 이 호르몬은 통증을 억제하는 효과가 있다. 극한의 고통에서 느끼는 희열감, 소위 '러너스 하이Runner's High'와 같은 쾌감을 느끼기 위해 운동에 중독될 수 있다. 러너스 하이는 1분에 120회 이상 심장박동수로 30분 이상 격렬하게 달릴 때 느낄 수 있는 쾌감이다. 운동 중에는 젖산과 같은 피로물질이 축적되는데, 관절이나 근육의 통증을 감소시키기 위해 마약과 화학구조가 비슷한 '오피오이드 펩티드opioid peptide' 또는 '베타 엔도르핀'이 뇌에서 자동으로 분비된다. 이런 물질은 진통 효과가 진통제보다 40~200배 강하다. 운동 중 고통이 극심해져 '죽을 것 같은 지점death point '에 도달할 때 베타 엔도르핀이 급격히 분비되는데, 이때 인간이 느낄 수 있는 쾌감은 마약 복용 시 느낄 수 있는 쾌감과 유사하다고 알려져 있다.[23]

운동을 즐기는 것이 부정적으로 묘사되는 일은 거의 없다. 그런데 운동중독은 심리적으로 건강하지 않은 상태를 말해주는 것일 수도 있다. 심리학자들은 달리기 중독이 '현실도피' 성향과 관계있다는 것을 발견했다. 특정한 물질이나 활동에 과도하게 의존하는 것이 '자기 억제적 도피' 성향인데, 달리기 중독도 그러한 성향의 결과일 수 있다는 것이다.[24] 운동에 중독된 사람들은 근육이나 인대에 손상이 오고 염증이 발생해도 운동중독 때문에 운동을 멈추지 못한다. 신체를 과도하게 사용하면서 자기 자신을 혹사하는 셈이다. 이런 이유에서 약물중독 문제를 다루는 재활센터들은 입소자들에게 정상적인 인간관계와 사회관계를 회복시키는 프로그램을 통상 함께 운영한다.

약물 중독자들이 달리기를 통해 약물중독을 끊어냈다면, 이는 중독 대상을 '물질'에서 '행위'로 바꾼 것뿐이라고 볼 여지도 있다. 하지만 '현실도피'라는 근원적 문제가 남아 있더라도, 당장 '나쁜' 중독을 극복할 수 있다면 한 번 시도해봐도 좋지 않을까?

고통에 익숙해져서 일어나는 비극과 위험

'자살'은 인간이 선택할 수 있는 가장 극단적인 행위다. 어떤 사람이 자살을 결심하는 것일까? 자살을 결심하는 순간, 뇌에서는 어떤 일이 벌어지는 걸까?

대뇌 표면에 자리한 대뇌 피질은 신경세포가 밀집된 영역으로 신체의 감각, 움직임, 언어 구사, 기억력, 집중, 사고, 각성, 의식 등 인간의 지각과 관련된 다양한 기능을 담당한다. 이렇게 뇌의 관제탑 역할을 하는 대뇌 피질의 두께가 얇은 사람의 80%는 인생의 어느 지점에서 우울증을 경험할 가능성이 있다는 연구 결과가 발표된 적이 있다.[25] 또한 '행복 호르몬'으로 불리는 신경전달물질 세로토닌은 기분이 좋아지게 하고 기억력, 집중력, 수면에도 영향을 미치는데, 세로토닌 수치가 낮은 사람들은 정보 처리와 학습 능력이 저하되고, 주의력 결핍과 기억력 저하를 겪는다. 즉 낮은 수치의 세로토닌은 우울증에 걸릴 확률을 높일 수 있다.

물론 우울증이 있다고 해서 모두 자살률과 직접 연결되는 것은 아니다. 실제로 우울증 환자의 자살률이 4% 미만이라고 조사된 바 있다.[26] 심리학자 토마스 조이너Thomas E. Joiner는 자살로 세상을 마감한 사람들이 대체로 충동적이고, 두려움이 적으며, 고통을 견디는 능력이 크다는 공통점을 발견한 적이 있다. 죽음을 향한 두려움이 적은 이유는 여러 가지다. 반복적인 자해나 타인의 지속적인 학대에 익숙해지거나 육체적 고통을 자주 경험하면서 점진적으로 불편을 견디는 능력이 높아질 경우, 죽음을 향한 두려움이 적어질 수 있고 자살 위험성도 높아진다는 설명이다.[27] 약물이나 술이 충동적 성향을 높이는 자극제가 되기도 한다. 자살한 사람들의 약 60%가 자살 당시 음주 상태였다는 연구 결과도 있다.

한편, 식욕부진증 등 섭식 장애가 있는 사람들 또한 자살 위험이 상대적으로 높다는 연구 결과가 있다. 섭식 장애를 지닌 사람들은 일반인보다 자살률이 23배 높은 것으로 나타났는데, 개인이 신체적 고통을 반복적으로 경험할 경우, 점차 고통에 익숙해지면서 자살 시도에 대한 심리적 장벽이 낮아질 수 있다는 것이다.

앞서 언급한 운동중독의 경우처럼, 몸이 아픈데도 운동을 그만두지 못하는 것도 자신의 고통을 돌보지 않는 마음의 상태를 보여준다. 마라톤 경기에서 발생하는 사망 사고는 많은 참가자가 '완주한 뒤의 성취감'을 맛보려는 목표를 달성하기 위해 극심한 육체적 고통을 기꺼이 감내한 결과로 초래되는 일이다. 높은 산에 오르는 산악인들의 도전도 비슷한 측면이 있다. 세계에서 가장 높은 에베레스트산을 등반하는 사람 가운데 연평균 5~10명이 트레킹 중에 사망한다. 이처럼 생명에 대한 위협이 실제적임에도 불구하고, 사람들은 여전히 이 위험한 도전을 멈추지 않는다.

이렇게 본다면, 매슬로우가 언급한 인간의 가장 기본적인 욕구, 즉 생리적인 '안전' 욕구는 더 큰 단계의 욕구인 '자아실현' 욕구와 정면으로 충돌하는 셈이다. 고통을 감수하며 자기 뜻을 이루려는 사람에게는 자아실현 욕구가 안전 욕구보다 더 강력한 욕구일 수 있다. '죽기까지 노력하라' 같은 표현은 매슬로우가 말한 가장 상위의 인간 욕구인 자아실현 욕구를 위해 안전 욕구를 희생하라는 말과 다름없다. 이는 정신적 고통과 신체적 고통이 본질적으로 같은 것일 수 있음을 말해준다. 결국, 인간은 고통을 감내하면서까지도 희열을 갈망하는 존재이며, 매슬로우의 인간 욕구에 대한 이론은 이런 점에서 보면 설득력이 떨어진다고도 볼 수 있다.

공포에 질리고 싶은 욕구, 두려움의 쾌감

2023년 10월 7일 하마스의 이스라엘 공격으로 촉발된 이스라엘-하마스 전쟁은 잔인한 전쟁의 참상이 소셜미디어를 통해 실시간으로 방영되면서 전 세계를 더 큰 충격에 빠뜨렸다. 하마스는 이스라엘 음악 축제에 난입하여 이스라엘 시민들을 납치했고, 신체 일부 부위가 훼손된 이스라엘 여성 인질을 끌고 다니거나 노인이나 어린이를 살해하는 장면, 시신의 얼굴을 짓밟거나 다시 총을 겨누는 장면을 여과 없이 그대로 중계했다.

외부 기자들의 출입이 차단된 가자Gaza 지역은 하마스가 장악하고 있어 전쟁과 관련된 정보는 하마스가 원하는 효과를 증폭시키는 방향으로 전 세계로 빠르게 퍼져나갔다. 하마스는 텔레그램, X, 틱톡과 같은 소셜미디어에서 인질의 계정을 사용하여 그들을 학대하는 자극적인 영상을 실시간으로 확산시켰다. 차단당할 가능성이 있는 자신들의 계정 대신 인질의 계정에 인질 학대 영상을 게시하여 인질의 가족이나 지인, 이스라엘 대중에게 공포감을 극대화하여 전파하는 전술이었다.

일반적으로 테러리스트들은 테러 대상을 물색하고 선정하는 과정에서 테러 대상에 대한 물리적 파괴 자체보다 일반 대중에게 끼치는 심리적 공포심의 극대화와 메시지의 상징성을 더 중요시한다. 상상하기 어려운 수준의 가학적인 폭력을 유튜브 같은 소셜미디어에 게시하는 것은 테러리스트 입장에서는 공포를 확대 재생산할 수 있는, 매우 가성비가 높은 효율적 수단이다. 한 번의 폭력 행위로도 대규모의 청중을 공포로 몰아넣을 수 있기 때문이다.

여기서 의아한 것은 전쟁 당사자 국가 이외의 지역에 사는 사람들도 이와 같은 폭력적 콘텐츠를 많이 시청한다는 점이다. 그들은 왜 그런 잔인한 전쟁 장면을 보려고 하는 것일까? 충격을 받을 게 분명한데도 말이다. 평소 공포영화를 즐기는 것도 같은 맥락에서 생각해볼 수 있다. 사람들은 왜 공포에 빠지는 감정을 즐기는 걸까?

　공포영화를 좋아하는 사람들은 영화 시청 이후 며칠 동안 혹은 몇 주 동안 두려움으로 잠을 잘 수 없을 것을 충분히 예상하면서도 공포영화를 시청한다. 섬뜩한 장면을 보며 비명을 지르고, 볼까 말까 갈등하며 눈을 떴다가 감았다 하면서도 굳이 공포영화를 보려는 인간의 욕구는 어떻게 설명해야 할까?

　공포영화를 보는 사람들만 이상한 건가? 그렇지 않다. 인간은 공포를 느낄 수 있는 활동을 다양하게 즐긴다. 호수가 내려다보이는 아찔한 낭떠러지에서 수면 바로 위로 떨어지는 번지점프를 한다거나 놀이동산에서 롤러코스터나 귀신의 집을 즐기는 것, 숨어 있다가 갑자기 나타나 상대를 깜짝 놀라게 하는 장난, 모터사이클이나 차를 빠른 속도로 몰며 스릴감을 느끼는 것 등이 모두 그러한 행위들이다.

　'소형 승용차만 내려가십시오. 되돌려 올라오시기 힘들 것입니다' 등의 문구가 등장하는 오래된 건물의 지하 주차장을 일부러 고가의 차량으로 내려가며 탐험을 즐기는 유튜브 채널이 있다. 이 유튜버는 소형차만 안전하게 통과하는 것이 가능한, 대단히 좁은 통로로 만들어진 지하 주차장을 아슬아슬하게 운전해 진입하고 나오는 영상을 실시간으로 보여준다. 때로는 좁은 통로를 통과하다가 차가 긁혀서 유튜버가 속상해하는 장면도 등장한다. 사람들은 이러한 영상을 시청하면서 스릴감을 느끼는데, 마치 내 차가 긁히는 것만 같은 아찔한 경험을 간접 체험하는 것으로 쾌감을 느낀다. 왜 여기서 쾌감이 느껴지는 걸까?

사람은 두려운 상황에 놓이면 심장이 뛰고 호흡이 가빠지며 근육이 긴장한다. 이때 우리 몸에서는 아드레날린이라는 호르몬과 함께 아이러니하게도 쾌락 호르몬인 도파민이 동시에 분비된다. 공포로 인한 다양한 생리적 반응을 상쇄시키기 위해 도파민이 분비되는 것은 인간의 생존을 돕기 위한 인간 신체의 자동적인 반응이다.

공포영화를 시청하는 사람은 영화 속 상황이 실제가 아닌 가상이며 자신은 '안전하다'라고 느끼기 때문에 더 이런 상황을 즐기게 된다. 공포영화의 장면은 상상 속의 일이기 때문에 시청자는 내가 '위험을 통제할 수 있다'라고 느끼는 것이다. 바로 이 느낌이 즐거움을 준다. 두려움을 극복한다는 느낌이 일종의 성취감을 주어 보상받는 기분을 맛보게 하고, 이것이 즐겁게 느껴지는 것이다. 더군다나 자신이 이것을 마치 실제처럼 느낄 건지 아닐지를 선택할 수도 있으므로, 공포로 인한 긴장감의 정도를 자기 마음대로 결정할 수 있다는 사실이 '즐거움'으로 인식되는 것이다.

두려움을 느끼는 극한의 긴장 상태에서 도파민이 분비되면 인간은 현재 상황에 완전히 집중하게 되고, 계속해서 '싸울 것인지, 도망갈 것인지fight or flight' 결정한다. 이때 아드레날린이나 도파민이 분비되면서 긴장이 고조되는 절정의 '공포 순간'에 쾌감을 느낀다. 자신이 극도로 경계하고 있는 긴장된 감정을 자신의 정신과 육체가 '살아있고 활기 있는' 상태로 느끼면서 이것을 즐겁게 인식하는 것이다.

공포가 주는 즐거움의 이유는 이뿐만이 아니다. 공포영화를 볼 때 쾌락 호르몬인 도파민이 분비되는 것은 무서운 장면 자체가 공포를 자극하기 위해 만들어진, 상당히 독창적인 내용이기 때문이다. 놀랍도록 신기한 장면을 보면서 사람들은 일상의 삶에서 경험할 수 없는 새로운 경험을 하게 되고 이를 낯선 자극으로 받아들이며 희열을 느끼게 되는 것이다.[28]

수많은 충격적 사건과 사고 기사를 접할 때마다 우리는 "어떻게 그럴 수 있단 말인가?", "어떻게 저런 일들이 일어날 수가 있나!" 등의 말을 내뱉는다. 그러면 왜 방송과 신문은 우리에게 특별히 유익하지도 않은, 그러한 극단적 사건과 사고를 보도하는 걸까? 물론 그러한 사건과 사고 소식을 알리면서 시청자들에게 경각심을 주기 위한 목적이 크다. 하지만 공포와 충격이 인간에게 주는 뜻밖의 쾌감인 도파민 분비를 떠올려보면 뉴스 전달자 측면에서 이는 높은 시청률과 구독률이 나올 수 있는 방편이 되는 셈이다.

사춘기의 도파민

정상적인 인지능력을 가진 성인이라면 확신이 서지 않는 위험한 일에 관한 결정을 피하는 것이 당연한 행동 패턴이다. 산을 오를 때 사람들은 단순히 호기심만으로 익숙한 길 대신 전혀 알지 못하는 길을 선택하지는 않는다. 안전한 길을 선택하는 행동을 누구도 소심하거나 용기가 없는 행동이라고 평가하지 않는다. 식당에서 메뉴를 고를 때도 마찬가지다. 대다수 사람은 한 번도 먹어보지 않은 낯선 음식을 모험 삼아 주문하기보다는 익숙하고 안전한 메뉴를 택한다.

사람들이 안전한 선택을 선호하는 것은 인간의 합리적인 의사결정 방식 때문이다. 사람들은 본능적으로 정보가 부족한 선택지는 피한다. 위험과 불확실성을 최소화하고, 이미 익숙하고 신뢰할 수 있는 학습된 정보를 바탕으로 빠르고 안전하게 만족을 추구하려는 것이다.

이러한 인간의 행위는 생존 본능에 따른 자연스러운 결과다. 낯선 길을 시도하지 않거나 익숙한 음식만을 선택하는 행위를 그 누구도 새로운 도전에 소극적이거나 용기가 없다고 비난하지 않는다.

그런데 인간의 생애 주기에서 뇌가 '위험'을 더 쉽게 받아들이는 시기가 있다. 바로 '사춘기' 때다. 사춘기의 인간은 불확실성을 더 잘 수용하는 성향이 있다. 이러한 성향은 새로운 배움과 경험을 통해 성장을 돕는 사춘기에 나타나는 중요한 특징이다. 이 시기 인간은 새로운 길을 탐색하고 낯선 경험을 시도하면서 자신의 다양한 능력을 시험하고, 그 과정에서 새로운 깨달음을 얻는다. 결국, 이러한 경험을 통해 인간은 자기 자신을 발견하고 성장한다.

흥미롭게도 사춘기 때 위험에 대한 높은 수용성의 원동력은 기분을 좋게 만들면서 보상에 관여하는 신경전달물질인 도파민이다.[29] 이 도파민 수치가 일생에서 가장 높을 때가 바로 사춘기 시절이다. 앞서도 언급했듯이, 도파민은 성취감과 만족감을 제공하는 중추신경계의 신경전달물질로, 새로운 시도를 추구하는 동력이 되어 학습 능력, 기억력, 집중력 향상에 도움을 준다. 도파민은 또한 전두엽을 자극하여 인간에게 쾌락을 선사하는 동시에 공격성에도 영향을 끼친다. 새로운 도전을 유도하는 도파민이 공격성 조절에도 관여하는 것이다.

미국 컬럼비아 대학교의 뇌과학 연구진은 쥐 실험을 통해 도파민이 공격성을 유발한다는 사실을 밝혀낸 바 있다. 연구진은 쥐의 도파민 분비를 증가시켜 공격적 행동을 유도한 뒤, 다시 도파민 분비를 차단하자 쥐의 공격성이 사라지는 현상을 발견했다. 2021년에 발표된 이 연구 결과는 도파민 요법이 정신 분열, 약물 남용, 치매 등의 치료에 도움이 될 가능성을 제시하며 큰 주목을 받았다. 특히, 도파민 중단이 공격성 감소로 이어지는 실험 결과는 당시 예상치 못한 놀라운 발견으로 언론에 소개되기도 했다.[30]

쥐 실험에서 밝혀진 도파민과 공격성의 관계는 오늘날 중독 현상이 빈번한 스마트폰 사용 행태에서도 나타난다. 여러 뇌신경과학 연구들은 소셜미디어를 오래 사용하는 어린이들에게 공격성, 우울증, 초조함과 같은 증상이 두드러진다고 밝혀왔는데, 이러한 발견은 SNS 콘텐츠를 소비할 때 분비되는 즉각적인 보상, 즉 도파민이 집중력과 학습 능력에 부정적인 영향을 끼친다는 것을 의미한다. 소셜미디어나 비디오 게임의 강한 자극에 자주 노출된 어린이들은 '시험' 같이 일정 시간 동안 집중해야 하는 상황을 대단히 힘들어한다. 소셜미디어 사용 시간이 긴 어린이와 사춘기 청소년 모두 공격성과 충동 제어 문제를 갖게 될 가능성이 있음을 시사한다.[31]

이런 점들을 고려하면, 성인이 되기 이전 질풍노도에 휩싸이곤 하는 사춘기의 행동들이 도파민과 같은 호르몬 분비를 비롯해 뇌의 작동 방식과 연관되어 있다는 것을 절감할 수 있다. 사춘기 청소년들을 더 잘 이해하려면 이들의 감정과 행동의 선동 대장인 '사춘기의 뇌'를 이해해야 한다는 얘기다.

위험을 마다하지 않는 영웅의 뇌 상태

위험과 위협에 맞서 다른 사람을 구하기 위해 자신의 생명을 거는 사람들은 대단히 용기 있는 사람들이다. 특히 경찰, 소방관, 군인은 용감한 행동을 주저함 없이 실행해야 하는 직업군이다. 그렇다면 용감한 사람들의 뇌는 위험을 일반인과 다르게 평가하는 것일까? 뇌과학자들은 두려움을 느끼면서도 이를 극복하는 행위를 취할 때 도파민이 분비된다는 사실을 발견했다. 다시 말해, 용감한 사람들은 용맹성을 발휘하는 행동을 취할 때 일반인들은 결코 경험할 수 없는, 도파민이 선사하는 강렬한 보상을 맘껏 누리는 것이다.

인간의 용감함이란 위험을 감수하면서까지 의미 있는 일을 시도하는 행위다. 용감한 사람들은 도파민이 분비된다는 사실을 스스로 인식하지는 못하겠지만, 용맹한 행동을 통해 자신에게 스스로 보상을 주고 있는 셈이다. 처음으로 대규모 청중 앞에서 강연하는 일, 어린이가 처음 자신의 힘으로 자전거를 타는 순간, 힘든 여정 끝에 정상에 오르는 경험, 혹은 치한에게 위협받는 사람을 구하는 일 등은 모두 행위의 본질만 본다면 도전적이자 공격적인 행위라고 볼 수 있다. 이러한 행위들을 수행했을 때 느낄 수 있는 쾌감은 오직 그 경험을 한 사람만이 아는 희열일 것이다.

미국에서 발생했던 9·11 테러 사건과 관련해 널리 알려지지 않은 한 영웅의 일화가 있다. 여객기 납치범들이 백악관과 국회의사당을 강타하려 했으나 실패했던 일이다. 2001년 9월 11일 오전 8시에서 10시 사이, 뉴욕과 워싱턴 D.C. 그리고 펜실베이니아 상공에서 이슬람 극단주의 테러리스트 19명이 미국 여객기 네 대를 납치했다. 이들은 오사마 빈 라덴이 이끌고 있던 이슬람 극단주의 세력 '알카에다' 소속이었고 비행기를 일종의 거대한 유도 미사일처럼 활용해 미국에서 공격을 감행했다.

비행기 납치범들은 아침 출근 시간을 노려 오전 8시 46분과 9시 3분, 두 대의 여객기를 뉴욕 맨해튼의 110층짜리 쌍둥이 빌딩인 세계무역센터 북쪽 타워와 남쪽 타워에 충돌시켰다. 불과 두 시간 만에 두 빌딩이 모두 무너졌으며, 비행기에 탑승했던 승객과 승무원 246명 전원이 사망했다. 또한, 건물 내부에 있던 2,606명이 목숨을 잃었다. 이어 오전 9시 37분, 세 번째 여객기가 국방부 청사인 펜타곤 서쪽 면을 강타하면서 추가로 125명이 사망했다.

이어서 테러범들은 네 번째 여객기를 이용해 워싱턴 D.C.로 향하며 백악관과 국회의사당을 공격하려 했던 것으로 추정된다. 그러나 이번에는 다른 상황이 펼쳐졌다. 승객들이 납치범들에게 반격을 가한 것이다. 이 비행기에서 승객들을 이끌며 납치범들과 목숨을 건 사투를 벌인 사람은 33세의 남성 토드 비머Todd Beamer였다.

비머가 마지막으로 승객들에게 외친 말은 당시 여객기 내부 상황을 비상전화로 알리는 과정에 녹음되었다. 이후 그의 이야기가 공개되면서 이 사건은 여객기의 이름을 따 〈United 93〉(국내에서는 플라이트93)이라는 제목으로 영화화되었고, 2006년에 개봉된 바 있다. 독실한 기독교 신자였던 비머는 성경의 주기도문과 시편 23편을 읊은 뒤, 승객들을 향해 이렇게 외쳤다.

"Are you guys ready? Okay. Let's roll! (여러분 모두 싸울 준비가 됐나요? 그럼, 이제 시작합시다!)"

승객들은 비머와 함께 납치범들을 제압하기 위해 힘을 모았다. 결국, 네 번째 여객기는 워싱턴 D.C.에 도착하기 전 펜실베이니아 들판에 추락했다. 테러리스트들과 비머를 포함한 탑승자 40여 명 전원은 사망했다.

그가 마지막으로 남긴 짧은 문장, "Let's roll"은 오늘날 미국인들에게 9·11 테러 당시 비머가 보여준 영웅 정신을 기리는 상징적 표현이 되었다. 그는 생명을 잃을 것이 너무도 분명한 그 두려운 순간에 어떻게 이렇게 용감한 모습을 보일 수 있었을까? 어떻게 이처럼 유머러스한 표현까지 사용하며 침착할 수 있었을까? 목숨을 걸고 테러범을 제압해 더 큰 희생을 막으려고 했던 위대한 작전을 앞두고, 비머의 뇌에서는 아마도 그가 태어나 한 번도 경험해보지 못한 강렬한 도파민이 폭발적으로 분비되었을 것이다. 그로 인해 그는 조금의 망설임도 없이 기꺼이 용맹하게 공격적 행동을 실행할 수 있었는지도 모른다.

뇌과학 연구에 따르면 용감한 영웅의 뇌는 일반인의 뇌와 다르다고 한다. 망설임 없이 위험과 위협에 맞섰던 영웅적인 행동을 실행했던 이들의 뇌에서는 이타적 공감 능력이 활성화되는 부위가 일반인보다 더 발달해 있다는 것이다. 영웅의 뇌는 남이 처한 위험을 마치 자신이 겪는 위험으로 인식하며, 구조된 사람이 느끼는 안도감과 기쁨을 자신의 감정처럼 느낄 수 있는 능력이 있다고 한다.

이 논리에 따르면 영웅들이 용기 있는 행동을 할 수 있는 것은 애초에 그들의 뇌가 일반인과 다른 방식으로 작동하기 때문인지도 모른다. 그런 점에서 우리는 영웅의 용맹한 행동과 함께 그러한 행동을 즉각적으로 실행에 옮기도록 지휘한 '영웅의 뇌'도 칭송해야 하지 않을까.

전장의 공포, 군인의 뇌

국가와 국민을 지키는 군인의 뇌가 모두 영웅의 뇌를 닮을 수는 없다. 하지만 영웅의 뇌를 갖지 않은 군인도 영웅처럼 위험을 무릅쓰고 국가를 수호하는 임무를 갖고 있다. 전장에서 군인들이 경험하는 감정은 일상에서 쉽게 경험할 수 없는 것들이다. 따라서 군인들은 전장의 다양한 위협에 대해 당황하지 않고 신속하게 대응할 수 있도록 평상시에 많은 훈련을 반복한다. 예측할 수 없는 다양한 전장 상황에서 군인이 느낄 수 있는 감정과 이러한 감정에 동반되는 신체적 반응에 대한 정보를 미리 인지하고 훈련하면 전장에서 실수 없이 작전을 수행할 수 있을 것이므로 적절한 대비가 될 수 있다.

군인은 그 어떤 직업군보다도 '두려움'과 '불안'의 감정을 가장 잘 다스릴 수 있어야 한다. 이 두 감정을 제대로 통제하지 못할 경우, 자신의 생명은 물론이고 동료의 생명, 그리고 군 전체의 작전 수행에도 돌이킬 수 없는 치명적인 영향을 끼칠 수 있다. 미군이 제2차 세계대전에서 거둔 전투 성과를 분석한 책 『제2차 세계대전의 미군』은 전투의 공포로 인해 당시 참전한 군인의 25%가 전투복에 배뇨를, 또 12%는 배변을 했다고 기록하고 있다.[32]

전장에서 임무를 수행하는 군인이 배뇨 및 배변 조절 능력을 상실하는 현상은 전쟁 영화에서는 다뤄지지 않지만, 이러한 신체 현상은 개인의 문제가 아니라 극한의 두려움과 공포 속에서 강인한 군인도 충분히 경험할 수 있는 일이다. 2001년 미국 뉴욕 맨해튼에서 발생한 9·11 테러 당시에도 많은 생존자가 배뇨 및 배변 조절 기능이 상실되는 경험을 했다. 두려움과 공포가 우리 신체에 미치는 영향은 이처럼 극단적이다.

사람의 뇌는 극심한 공포 상황에 직면하면 생존 본능에 따라 방어기제를 작동시킨다. 공포로부터 즉각 벗어나고자 하며, 그 결과 교감신경계가 과도하게 활성화되어 심박수가 빨라지고 식은땀이 흐르며 과호흡과 질식감 등 신체 이상 반응이 나타난다. 이는 몸이 일종의 전투 상황으로 진입하는 것과 같다. 이러한 비상경보 시스템을 '공포반응'이라고 부르는데, 극심해지면 '공황발작'으로 이어지기도 한다. 예를 들어, 많은 사람 앞에서 발표하거나 공연하는 상황을 극도로 두려워하는 사람은 마치 전장에서 느낄 수 있는 공포감이 들어 공황발작을 경험할 수도 있다.

앞서 설명했듯이, 사람은 위험한 상황에 놓이면 그 상황에 대해 '싸울 것인지, 도망갈 것인지'를 순간적으로 판단하고 결정한다. 이러한 뇌의 반응을 '투쟁 혹은 도피 반응fight or flight response'이라고 부른다. 포식자를 만났을 때 동물의 몸이 얼어붙는 것처럼 순간적으로 동작을 멈추는 '동결' 상태도 일종의 도피 반응이다. 대뇌변연계에 위치하는 아몬드 모양의 편도체가 이러한 비상 시스템을 관장하는데, 이 편도체가 자극에 민감할수록 공포 상황에서 받는 스트레스는 더 커진다.

문제는 전투에 임한 군인의 뇌에서 이런 도피 반응이 나타날 때다. 극단적인 공포를 느끼는 병사는 전열에서 이탈하거나 충격을 받아 멍한 상태가 될 수 있다. 공황 증상은 전염성이 강하기 때문에 전투 중 이런 증상이 나타난 병사는 즉각적으로 격리해야 한다. 실제로 2003년 미국의 이라크 침공시 미군은 자국 병사가 극심한 스트레스 증상을 보이면 즉시 다른 대원으로 교체하고 휴식 기간을 취한 뒤 복귀하도록 조치했다. 심리적 문제를 겪는 군인은 작전 수행 중 중대한 문제를 초래할 위험이 있기 때문이다.

편도체가 심하게 자극받아 극도로 흥분하면 스트레스 호르몬이 과도하게 분비되고 감정조절, 집중력, 의사결정을 담당하는 전전두피질의 신경세포가 손상되어 정확한 정보분별과 합리적인 의사결정이 어려워진다. 이러한 현상은 극심한 스트레스 상황에서 판단력을 상실할 가능성을 시사하며, 전장이 바로 그러한 상황이다.

반복적으로 편도체가 활성화되면 공포에 대한 반응이 과도해질 수도 있다. 그런데 흥미롭게도 두려움을 주는 전투가 계속되면, 군인은 공포에 대한 심리적 역치가 높아져 오히려 반대의 감정을 느끼게 된다고 한다. 더 큰 공포가 없는 상황에서는 심지어 '지루함'을 느껴 군인의 경계 태세가 느슨해질 위험이 있고, 지루함은 무력감으로 바뀌어 군인의 전투 의지 저하로 이어질 수 있다.[33] 승패를 다투는 스포츠나 게임에서 계속 패배를 경험하면 게임에 대한 흥미를 잃고 결국 게임을 그만두는 상황은 지루한 전투 속 군인의 상황과는 다르지만, 증상은 유사하다.

이처럼 전장에서 군인이 받는 극한의 스트레스는 전투 능력에 부정적 영향을 미친다. 제1차 세계대전과 제2차 세계대전에서는 정신적 스트레스로 인해 후송된 군인의 수가 전투에 의한 부상으로 후송된 수보다 압도적으로 많았다. 군인이 전장에서 겪는 스트레스의 또 다른 주요 원인은 수면 부족인데, 수면 부족은 작전 수행 중 다양한 실수를 유발할 수 있다. 침착성을 잃고 흥분한 상태에서 작전을 수행할 경우, 실수는 더 늘어나기 때문에 군인은 자신의 감정을 통제할 수 있는 능력을 반드시 갖추어야 한다.

그런 점에서 전장에서의 심리와 신체 상태에 대한 예비적 지식은 군인다움이나 전투 의지를 높이는 교육만큼이나 중요하다. 장병들이 전장 심리와 신체 반응에 관련된 다양한 사례를 인지하고 학습함으로써 실제 전장에서 변화하는 자신의 심리와 신체 상태에 대비할 수 있기 때문이다. 심리적 변화가 정보분별과 의사결정에 영향을 주는 메커니즘을 이해하게 되면 전투 중 동료 장병의 심리나 신체 상태를 예측할 수 있게 되므로 긴박하게 펼쳐지는 협업과 작전 수행에도 크게 도움이 될 것이다.

전쟁에서 군인이 사격을 망설이는 이유

전장에서 군인이 경험하는 극한의 감정은 단지 생존을 위한 두려움과 불안만이 아니다. 군인은 직업적 임무로서 국가를 위해 적을 살상해야 하는 상황에 놓이게 된다. 2022년 2월 시작된 러시아-우크라이나 전쟁과 2023년 10월 시작된 이스라엘-하마스 전쟁에서 자율 드론이 적군을 살상하는 사례가 보고되고 있지만, 첨단기술 발전이 군인의 살상 임무를 대체하지는 않았다. 적군을 '살상'해야 하는 행위 자체도 군인이 전투에서 겪는 대단히 고통스러운 일이다.

데이브 그로스먼Dave Grossman과 로런 크리스텐슨Loren W. Christensen이 전투 심리를 묘사한 책『전투에 대하여』는 군인이 전장에서 적을 죽이는 일이 얼마나 힘든지 다양한 사례를 통해 설명했다. 이 책에는 제2차 세계대전에서 전쟁에 참전한 소총병 중 실제로 사격한 군인은 전체에서 15%에 불과했고 나머지는 아예 총을 쏘지도 않았다는 증언이 나온다.[34]

살상이 주로 교전이 끝난 후 적을 추격하는 단계에서 발생하는 이유는 인간의 본능적 거부감 때문이다. 서로 눈을 마주한 채 적을 공격하는 것보다 등을 돌린 적을 공격하는 것이 병사의 심리적 부담을 덜어주기 때문이다. 또한, 가까운 거리에 있는 적에게 총을 쏘거나 칼로 직접 공격하는 것보다 원거리에서 폭탄을 투하하거나 대포 혹은 미사일을 발사하는 것이 살상에 대한 심리적 부담감을 줄여준다. 제1차 세계대전 당시 칼날로 인한 부상은 전체 부상자 중 1% 미만이었다. 사람을 칼로 공격하는 행위가 인간에게 있어서 대단히 큰 거부감을 일으키는 일임을 그대로 보여준다.[35]

대적하는 적을 조금도 망설이지 않고 즉각적으로 대응할 수 있는 능력은 성공하는 군인이 갖춰야 할 필수조건이다. 이러한 논리가 일반인에게는 상당히 생소하게 들리는 게 사실이다. 이성적으로는 전쟁 상황을 인식하더라도 감정적으로는 받아들이기 어려운 일이기 때문이다. 그러나 만약 군인이 적을 사살하는 것을 두려워하여 그 결과 적이 아군을 공격해 자신과 동료를 잃게 된다면, 이는 그가 군인의 책임을 다하지 못한 것이라 할 수 있다. 군인은 자신의 감정적 거부감과는 무관하게 적을 살상해야 할 상황에도 놓이게 되는 것이다.

회복탄력성, 정신적 생존력의 근원

인간은 특정 정보나 외부 자극에 대해 특정한 행동으로 반응한다. 역한 냄새가 나면 코를 막고, 눈앞에 벌레가 날아들면 순간적으로 눈을 감는다. 조폭이나 깡패처럼 보이는 사람을 순간적으로 주목해서 볼 수는 있지만, 혹시라도 시비를 걸까 하는 두려운 마음 때문에 고개를 돌려버린다. 이처럼 인간의 예민한 감각기관은 다양한 정보를 매우 빠르게 인지하고 거의 자동으로 생존의 위협을 제거하는 행동을 취하게 된다.

하지만 같은 정보나 자극을 받더라도 모든 사람이 같은 행동을 하는 것은 아니다. 길거리에서 누군가 행패를 부리면 대다수 사람은 그 자리에서 벗어나 신변을 보호하려 하지만,

누군가는 행패 부리는 사람을 나서서 제압하기도 한다. 자신이 키우던 반려견이 죽었을 때, 어떤 사람은 슬픔을 극복하고 직장 업무를 무리 없이 이어가지만, 어떤 사람은 '펫로스 증후군'으로 인해 몇 달 동안 정상적인 일상을 유지하는 데에 어려움을 겪을 수도 있다. 같은 슬픔을 경험하고 상처의 크기가 비슷해도 개인마다 그러한 상황에 대한 반응은 다르게 나타난다는 얘기다.

이처럼 스트레스나 트라우마에 대한 반응과 경험이 사람마다 다르게 나타나는 것은 '회복탄력성resilience'이 서로 다르기 때문이다. 회복탄력성은 변화에 적응하여 스트레스와 트라우마를 극복하는 힘, 나아가 실패나 좌절로부터 교훈을 얻어 성장할 수 있는 정신적, 육체적, 감정적, 행동적인 능력이라고 할 수 있다. 그래서 군에서도 전장의 트라우마를 겪는 장병의 심리치료를 위해 '회복탄력성' 개념을 활용한다. 군인은 적을 이기고 전장의 다양한 스트레스로부터 비롯되는 육체적, 정신적 문제를 빈번하게 다뤄야 하므로 어떤 직업보다 높은 수준의 회복탄력성이 필요한 직업군이기도 하다. 가령, 회복탄력성이 높은 군인은 극심한 스트레스를 받는 실제 전장에서도 높은 집중력을 유지하며 작전을 수행할 수 있다. 스트레스 상황에서도 침착한 마음 상태를 유지할 수 있는 군인은 불안과 공포심을 더 빠르게 해소할 수 있고, 냉정하게 문제해결 능력을 발휘할 수 있다. 군인에게 있어 회복탄력성은 사실상 전투 능력과 다름없는 셈이다.

그렇다면 회복탄력성을 키우기 위해 어떤 방법이 제시되고 있을까? 지진과 같은 자연재해나 교량 붕괴로 인한 부상을 처음 경험하는 사람은 한 번의 사건으로도 심각한 트라우마를 겪을 수 있다. 그런데 두려움과 불안이 극대화되는 환경인 전장은 한 번의 사건으로 끝나는 게 아니라 예측할 수 없는 상황의 반복이다. 이러한 전장에서 회복탄력성을 발휘하기 위해서는 최대한 전투 환경을 사전에 예상할 수 있도록 하는 것이 중요하다. 즉, 군인이 신체적·정신적으로 전장 환경에 적응할 수 있도록 하려면, 실제 전장과 유사한 상황에서 훈련을 거듭하며 전투 환경의 돌발변수에 대비하는 방법이 최선의 준비가 될 수 있다.

회복탄력성은 군의 정신전력과 직결되는 점에서 이를 증진하기 위한 훈련 프로그램도 다양해지고 있다. 미군의 경우, 지휘관 대상의 회복력 마스터 훈련인 MRT Master Resilience Training를 통해 지휘관들이 먼저 회복탄력성 증진법을 학습한 뒤 이를 하급자들에게 전수하는 방식의 프로그램을 진행하고 있다. 학습한 회복탄력성을 실제 전장에서 발휘할 수 있으려면 고도의 스트레스에 놓이는 상황을 연습해볼 필요가 있는데, 미군은 사상자가 발생하는 가운데 적의 도발에 대응하는 실제 전투 상황을 가정한 시뮬레이션 훈련을 반복하면서 점진적으로 회복탄력성을 강화해 나간다고 한다.

음악 연주자가 콩쿠르에 참가하거나 운동선수가 올림픽에 출전할 때, 평소에는 드물었던 실수를 많이 하게도 되지만, 출전 경험을 거듭하면서 큰 무대가 주는 중압감과 두려움을 점차 극복해갈 수 있다. 그러나 군인의 경우는 다르다. 게임의 법칙이 고정된 것이 아니므로 끊임없이 돌발변수가 발생하는 상황에서 작전을 수행해야 한다. 이러한 조건에서 자신과 동료의 생명을 지켜야 하는 극한의 환경에 놓이게 되는 셈인데, 실제 전투 상황과 유사한 시뮬레이션 훈련은 자신과 동료의 회복탄력성 정도를 확인하는 효과적인 방법이 될 수 있다.

회복탄력성을 높이기 위한 프로그램 가운데는 AAR로 불리는 '사후검토After Action Review'도 있다. 훈련 이후에 훈련 중 발생한 개인과 팀의 실수 등을 복기하고 재평가하면서 회복탄력성과 관련된 질문에 답하고 상호 피드백을 제공하는 방법이다. "당신의 동료가 당신 옆에서 사망할 경우, 당신은 어떻게 집중력을 유지하며 작전을 수행하겠는가?"와 같이 구체적인 상황을 가정하고 바람직한 대응법을 장병들이 서로 피

드백을 주고받으며 논의하는 방식이다. 물론 제대로 된 토의
가 이루어지지 않거나 잘못된 교훈을 도출하게 되면 오히려
혼란과 부가적인 스트레스가 될 수 있으므로 사후검토는 매
우 정밀하게 준비될 필요가 있다.

#3

해킹당한 뇌:
마인드 리딩과 뇌조종

이브를 공략한 뱀의 심리 전술

인류의 출현을 다루는 성경의 창세기에는 인간과 대화하면서 그들의 삶에 개입하는 '뱀'이 등장한다. 동물인 뱀이 어떻게 사람인 이브와 대화를 나누고, 이브가 금단의 열매를 먹도록 유혹했는지는 알 길이 없다. 다만, 성경에서는 뱀이 대단히 지혜롭고 총명하며, 모든 동물 중에서도 가장 간교한 존재로 묘사된다.

이처럼 총명한 뱀이 자신의 지혜를 이용하여 인간을 꾀어낸 목적은 원대한 것이었다. 뱀은 신과 인간의 관계를 파괴하고자 했다. 신은 아담과 이브를 에덴동산에서 쫓아냈는데, 이 일은 뱀에게 있어서 자신의 승리로 여길만한 엄청난 사건이었다. 뱀이 인간과 신의 관계를 파괴하기 위해 사용한 전술은 '거짓말', 즉 '기만'이었다. 인간을 속이기 위해 뱀은 아주 정교한 내러티브를 만들었는데, 특히 인간이 무엇에 가장 취약한지를 면밀히 분석했던 듯하다. 뱀은 인간의 가장 기본적인 욕구인 '생존과 안전'을 공략했다. 이브에게 "그 열매를 먹어도 절대 죽지 않는다"라고 말하면서 안전을 약속했다.

최초의 인간은 신이 자신들을 죽이지 않을 것이라는 뱀의 거짓말을 믿었다. 뱀은 인간의 정보분별 능력이 미래를 정확히 예측할 수 없고, 오직 추측만 할 수 있다는 점을 간파한 것이다. 만약 이브가 금단의 열매를 먹고 싶은 마음보다 신과의 관계를 더 중요하게 여겼다면, 설령 뱀의 말이 설득력 있게 와닿았어도 그 열매를 건드리지 않았을 것이다.

그런데 문제는 이브의 마음 상태였다. 이브가 그 열매를 바라보며 떠올린 것은 "먹음직도 하고 보암직도 하고 지혜롭게 할 만큼 탐스럽기도" 했다는 점이다. 이브의 마음은 호기심으로 가득 차 있었고, 그 호기심은 신을 배신하는 일에 대한 염려보다 더 강력했다. 뱀은 인간의 가장 큰 취약점을 알아챘던 셈이다. 바로 인간은 호기심이 많다는 사실이다.

호기심, 알고자 하는 욕구, 궁금함은 신과의 약속을 지키는 데 장애 요소가 되었다. 하지만 다른 한편으로는 인류가 끊임없이 탐험하고 새로운 길을 개척하며 수많은 발견과 발명을 이루게 한 원동력이기도 했다. 그런 점에서 호기심은 인류의 취약점이 아니라 가장 큰 강점이다. 그러나 뱀은 그 강점을 취약점으로 만들 만큼 영리했다.

뱀은 아마 이렇게 생각했던 것 같다. "인간은 호기심을 절대 못 참아. 호기심만 자극하면 신의 명령은 무시할 수 있을 거야. 이거 정말 재미있겠는걸!" 그리고 뱀의 전략은 정확하게 맞아떨어졌다. 인간과 신의 관계를 어그러뜨리는 것이 뱀의 궁극적인 목적이었기 때문이다. 이브는 뱀이 던진 문제 제기에 공감했다. 신이 뭔가를 금한 것은 신만 누릴 수 있는 좋은 것이 그 열매에 있기 때문이라는 거짓말이 설득력 있게 들렸을 것이다.

최초의 인간이 이토록 호기심에 취약했던 것은 결국 신이 인간을 그렇게 창조했기 때문이다. 그런데 왜 신은 인간에게 따먹지 말라고 한 열매의 존재를 알려주었을까? 아마도 신은 인간이 약속을 지키는 모습을 보고 싶었던 것 같다. 그렇다면 왜 인간은 신이 그렇게 금한 것을 어기는 위험을 감수했을까?

호기심으로 인해 거짓말에 넘어간 결과는 실로 참혹했다. 아담과 이브는 신과의 약속을 어긴 대가를 치러야 했다. 신은 아담과 이브를 에덴동산에서 쫓아냈고, 아담은 끝없는 노동의 고통을, 이브는 출산의 고통과 함께 남자에 의해 행복이 좌우되는 저주를 받았다. 신이 이들의 육체적 생명을 즉시 거두지는 않았지만, 인간이 노동과 남녀관계로 인해 겪는 고통은 전혀 간단치 않다. 일, 직장 그리고 이성 혹은 배우자와의 관계가 우리 삶에서 차지하는 의미를 생각하면, 우리는 아담과 이브를 충분히 원망할 만하다.

그런데 여기서 한 가지 의문이 든다. 뱀은 이 일로 신으로부터 저주받을 것을 예상하지 못했을까? 뱀이 신에게 완전히 반항하기로 마음을 먹었던 것인지는 알 수 없다. 아마도 뱀은 신에 대해 선전포고를 한 것으로 보인다. 영리한 뱀은 신을 가장 아프게 할 방법이 무엇인지 정확히 알고 있었다. 신이 인간을 지극히 아꼈기에, 인간이 신을 거스르는 상황을 만들어낸 뱀의 계획은 철저히 목표를 이루었다고 볼 수 있다.

성경 속 신은 인간을 죄로부터 구원하기 위해 극단적인 방법을 선택한다. 신과 동등한 존재로 묘사되는 예수에게 인류의 모든 죄를 짊어지게 한 뒤, 그를 죽음에 이르게 하는 방식을 택한 것이다. 결국, 뱀의 계략은 신이자 인간인 예수의 죽음을 초래했다. 이러한 맥락에서 보면, 뱀은 실로 영리하기 이를 데 없는 존재다. 죄와는 무관한 인간의 정상적인 호기심을 인간과 신의 관계를 파괴할 도구로 이용했기 때문이다. 이보다 더 완벽한 기획이 있을까?

그런데 에덴동산에서의 금단의 열매 사건에서 또 하나의 중요한 포인트를 놓쳐서는 안 된다. 그것은 바로 인간이 금단의 열매를 먹음으로써 얻은 능력이다. 인간은 선과 악을 분별하고 정보를 판단할 수 있는 능력을 갖추게 되었다. "금단의 열매를 먹으면 눈이 밝아져 신처럼 선악을 분별할 줄 알게 될 것이다"라는 뱀의 주장은 완전히 틀린 말은 아니었다. 뱀은 거짓과 진실을 교묘하게 섞어 인간을 설득한 것이다.

'지라시'의 추억, 허위 기억 현상

심리학의 '동기 이론theories of motivation'은 인간의 학습행위를 인지적 관점에서 설명한다. 참신하거나 놀라운 정보는 그렇지 않은 다른 정보보다 더 흥미를 불러일으키기 때문에 더 큰 학습효과를 가져온다는 것이다. 놀랍거나 신기한 정보는 사람의 탐험 욕구를 자극할 수 있고, 반대로 회피하게 만들 수도 있다.[36] 어떤 끔찍한 음모론을 듣고 그 음모론이 펼치는 주장을 궁금해하는 사람도 있겠지만, 반대로 그러한 음모론을 알고 싶어 하지 않는 사람도 있다. 다시 말해, 인간은 새로움 때문에 더 알고 싶어 하기도 하고, 반대로 새로운 정보가 주는 불확실성에 대한 거부감이나 두려움을 느낄 수도 있다.

어떤 사교모임에 참석했을 때 사람들은 자연스럽게 처음 온 낯선 사람에게 인사를 건네고, 특히 그중에서도 매력적인 이성에게 주목한다. 모임이 끝나고 다음 날 기억에 남는 사람들에게는 인맥 유지라는 명목으로 한 번 더 연락을 취하는 일도 있다. 즉 자신의 기억에 남은 대상에 관해 더 적극적으로 탐험하는 행동을 취하는 것이다. 반대로, 같은 모임에서 처음 만난 사람이 무례하거나 불쾌한 행동을 했다면, 사람들은 그를 경계하고 향후 만남에서 배제할 수도 있다. 다시 연락을 취하거나 혹은 다시는 보고 싶어 하지 않거나 두 경우 모두 공통점이 있다. 좋든 싫든 새로웠기 때문에 기억에 남았다는 것이다.

"처음 본 여자가 가장 예쁘다"라는 말은 정보 부족이 유발하는 '착각 효과'를 의미한다. 처음 만난 상대에 대한 정보가 부족할수록 신비감이 생기고 호기심을 불러일으키기 때문에 사람들은 호감을 느낀다고 착각한다. 그러나 낯선 존재가 반드시 매력적으로 보일 이유는 없다. 따라서 상대에 대한 정보가 늘어나 객관적인 판단이 가능해지면, 낯선 사람이 매력적으로 보이는 착각 효과는 당연히 줄어든다.

누구나 인터넷이나 지인을 통해서 연예인이나 유명인의 사생활을 다룬, 소위 '지라시' 수준의 소문을 접해봤을 것이다. 특히 소문의 주인공이 내가 관심을 가졌던 유명인이라면 그 정보는 머릿속에 꽤 오랫동안 남게 된다. 그런데 이러한 '지라시' 소문은 내 삶과 직접적 연관이 없는데도 왜 뇌리에 남는 걸까?

우리가 유명인이나 지인의 사생활과 관련된 자극적인 소문을 들을 때 가장 먼저 하는 질문은 "정말인가? 진짜인가?"이다. 뇌과학 연구에 따르면, 인간은 예상치 못한 정보나 사건을 신속하게 탐지하는 능력을 지니고 있고, 본능적으로 새롭고 독창적인 정보에 주목하고 집중하도록 진화해왔다고 한다. 이러한 정보를 접할 때 뇌에서는 도파민이 분비되며 보상 체계가 활성화된다. 놀랍고 신기한 정보는 뇌가 보상으로 인식하기 때문에 더 오래 기억에 남는다. 놀라운 정보는 새로운 자극을 제공하고 학습효과를 높이는 것이다.

놀라운 정보가 학습효과를 주는 현상은 일종의 '진실 착각 효과'로 설명될 수 있다. 진실 착각 효과란 사람들이 동일한 극단적 메시지에 반복적으로 빈번하게 노출될 경우, 시간이 지남에 따라 그 메시지를 '사실'로 기억하게 되는 현상이다. 인간은 처음 접한 정보를 그 이후에 접하게 되는 정보보다 더 신뢰하는 경향이 있다. 따라서 정보의 출처가 불분명하더라도 시간이 흐르면 사람들은 정보의 진위보다 정보 자체만을 기억하게 된다. 결과적으로 진실이 아닌 정보가 사실로 기억되는 것인데, 이는 인간의 인지 과정이 얼마나 쉽게 왜곡될 수 있는지를 말해준다.

소위 '첫인상'의 중요성을 설명하는 개념을 '초두효과初頭效果, Primacy effect'라고 한다. 이는 사람들이 어떤 목록을 볼 때 맨 앞에 있는 항목이나 초반에 접한 정보를 더 잘 기억하는 경향을 일컫는다. 즉 뇌에 입력되는 정보 중 초반에 입력된 것이 이후의 정보보다 더 잘 기억되는 현상이다. 이러한 현상이 일어나는 이유는 우리의 뇌가 정보에 대해 일관성 있는 판단을 하려는 경향이 있기 때문이다. 사람들이 이와 유사하게 어떤 정보를 접할 때 처음과 마지막 부분에 몰두하는 '집중구간attention span' 현상 역시 인지적 편향cognitive bias의 한 형태다. 우리가 어떤 사람을 기억할 때도 첫인상과 마지막으로 본 모습이 가장 강하게 남는 것은 초두효과와 집중구간 현상이 작용한 결과라고 볼 수 있다.

첫인상의 영향이 지대한 이유는 이후에 아무리 풍부한 정보를 얻게 되어도 첫인상에서 내려진 평가나 판단을 뒤집기 어렵기 때문이다. 특히 주어진 심사 시간 내에 결론을 신속하게 내려야 하는 채용 면접에서 첫인상의 중요성은 더욱 강조된다. 지원자가 어떤 말을 하는지 가장 중요하겠지만, 면접관들은 첫 대면에서 느낀 지원자의 외모와 태도가 주는 인상에 큰 영향을 받는다. 그래서 지원자의 답변 내용과 첫인상이 일치하지 않는다고 느낄 경우, 면접관들은 점수를 부여하는 데 있어 상당한 갈등을 겪을 수 있다. 객관적인 정보에 근거한 합리적 판단과 자신이 선택적으로 받아들이고 있는, 즉 뇌가 주는 시그널 사이에서 마음을 정하기 힘들어지는 것이다.

첫인상의 영향력을 설명하는 초두효과와 반대되면서도 유사한 심리적 현상으로는 '최신효과recency effect' 혹은 '최신편향성recency bias'이 있다. 인지적 편향으로 인해 사람들은 시간상 가장 최근에 경험한 일을 더 잘 기억하는 경향이 있다. 피아노 콩쿠르나 피겨 스케이팅 대회에서 참가자들이 자신의 연기 순서가 후반부이길 바라는 것은 이러한 최신효과 때문이다. 최종적인 심사가 이루어지는 직전 시간에 강렬한 인상을 남기면 더 높은 점수를 받을 가능성이 커진다고 생각하는 것이다.

그렇다면 인간이 첫인상으로부터 지대한 영향을 받는 초두효과나 가장 최근에 접한 정보에 과도한 가중치를 두는 최신효과를 어떻게 극복할 수 있을까?

듀크대학교의 심리학자들이 진행한 실험에서 힌트를 얻을 수 있는데, 연구팀은 다양한 중고 물건이 담긴 여러 개의 상자를 준비한 뒤 참가자들에게 어느 상자가 가장 가치 있는 물건을 많이 담고 있는지 평가하도록 했다. 온라인으로 진행된 이 실험에서 모든 상자에는 동일한 가치의 중고 물건들이 들어 있었다. 그런데 참가자들은 처음 본 물건의 품질이 좋을 경우, 해당 상자의 전체적인 가치를 더 높게 평가하는 경향을 보였다. 이는 초두효과가 작용한 것을 보여준다. 또 다른 실험에서는 참가자들이 상자를 살펴본 후, 하루가 지난 뒤 가치를 평가하도록 했다. 그 결과 초두효과가 사라졌고, 참가자들은 물건이 초반에 등장했는지 후반에 등장했는지 관계없이 상자의 가치를 보다 객관적으로 평가하는 모습을 보였다. 충분한 시간을 두고 정보를 처리하면, 초두효과의 영향이 줄어드는 것을 의미한다.[37]

이러한 연구는 영어에서 '어떤 결정을 내리기 전 심사숙고하는 일'을 의미하는 관용구 "sleep on it"을 실험한 것이라 볼 수 있다. 장기간에 걸쳐 중대한 영향을 끼칠 수 있는 결정을 앞두고 강력한 첫인상 효과(초두효과)를 극복하는 방법은 곧 잠깐의 시간을 갖는 것이다. 다시 말해, 개인이 중요한 결정을 내릴 때 충동적인 판단을 피하려면 시차를 두고 결정하는 것이 합리적 선택을 위한 전략이 될 수 있다.

가령, "지금 당장 사지 않으면 남들이 먼저 사버려서 나중에는 살 수 없을지도 몰라!"라는 생각에 충동적으로 온라인 쇼핑을 하는 습관을 고치고 싶다면, 구매 결정을 하루 뒤로 미뤄보는 것이 좋은 방법이 될 수 있다. 아마도 충동적인 구매를 참아본 경험이 있는 사람이라면, 시간이 지난 후 "안 사길 잘했다"라는 생각이 들었던 적이 있을 것이다.

사고 싶은 물건이든, 만나고 싶은 사람이든, 하고 싶은 말이든, 아니면 어떤 충동적인 결정이든 순간적인 판단으로부터 한발 물러서는 것은 매우 중요한 방어 전략이다. 특히 그 결정이 지대한 영향을 동반하는 종류라면 더욱 신중한 태도가 필요하다. 디지털 범죄, 마약, 도박과 같이 가시적이고 물리적인 폭력을 동반하지 않는 은밀한 범죄행위는 강렬한 쾌락이나 일확천금의 환상을 순간적으로 불러일으킨다. 이러한 범죄에 대한 유혹은 초두효과를 이용하기 때문에 강력범죄를 저지르지 않은 일반인들도 쉽게 넘어갈 수 있다.

AI가 성형해주는 당신의 마음

현대 인간의 마음은 누가 가장 잘 알까? 최초의 인간이 호기심이 많다는 것을 알고 인간을 속인 뱀은 아담과 이브, 단 두 사람의 마음만 읽어내면 되었다. 오늘날 지구상에 존재하는 셀 수 없이 많은 인간의 마음은 뱀도 아니고 인간도 아닌 기계가 제일 잘 알고 있다.

우리는 디지털 기기를 사용하면서 위치정보, 생체정보, 금융정보 등 다양한 개인정보를 남기게 되고 인터넷과 소셜미디어에서는 다양한 의견과 감정을 표출한다. 그런데 이러한 디지털 흔적들을 인공지능AI이 실시간으로 데이터로 수집해 분석해낸다. 인터넷에서 가장 많이 검색하는 단어, 가장 많이 찾는 사진과 영상, 가장 구매하고 싶거나 구매한 상품, 가장 많이 방문하는 식당과 카페, 가장 인기 있는 이성의 스타일, 가장 원하는 직장이나 직업, 가장 빈번한 범죄 유형 등 인간의 관심사와 욕구, 욕망은 모두 인터넷에 있다.

오늘날 인공지능은 방대한 데이터를 수집하고 분석하는 능력으로 인간에 관한 정보를 가장 많이 확보하고 있어 인간의 욕구를 가장 정확히 파악하고 있다. 특히 인간과 대화하면서 질문에 응답할 수 있는 알고리즘인 '봇bot'은 '로봇robot'에서 앞글자 'ro'를 생략한 것으로 '로봇'의 별칭이다. 이러한 봇은 인터넷과 소셜미디어 플랫폼에서 뛰어난 내러티브 구사 능력으로 다양한 커뮤니케이션 효과를 유발한다. '소셜봇social bots'이나 '정치봇political bots'은 소셜미디어 플랫폼에서 운영되는 봇으로 다양한 '봇 효과'를 가져올 수 있다.

봇 효과란 봇이 서로 다른 의견이 표출되는 온라인 공론장에서 정치적으로 편향된 정보와 메시지를 대규모로 신속하게 확산시켜 여론이 특정 방향으로 유도되게 만드는 현상이다. 이러한 봇들은 인터넷 공간에서 특정 정보를 집중적으로 퍼뜨리고 특정 이슈만 부각시켜 '반향실 효과echo chamber effect', '필터버블filter bubble 효과' 등을 촉발하거나 강화할 수 있다.

유사한 관점이나 생각을 가진 사람들끼리만 반복적으로 소통해 편향된 사고가 고착되고, 동의하는 의견만을 수용하게 되는 현상은 앞서 언급한 '반향실 효과'다. 봇은 이러한 커뮤니케이션을 활성화하여 반향실 효과를 한층 더 강화할 수 있다. 또한 '필터버블 효과'는 인터넷 사용자에게 AI 알고리즘에 의해 걸러진 맞춤형 정보만을 제공하여 사용자가 마치 거품에 갇힌 것 같은 상태에 놓이게 하는 것이다. 반향실 효과는 주로 인터넷 사용자의 주관적인 선택에 의한 효과로 묘사되고, 필터버블 효과는 개인의 선택보다 알고리즘에 의해 개인화된 세계에 갇히는 현상을 설명할 때 더 많이 사용되는 표현이다. 따라서 필터버블 효과는 반향실 효과보다 더 심각한 인지적 편향을 초래할 가능성이 있다.

'트롤링trolling'은 인터넷에서 타인의 강한 감정적 반응을 유발하려고 의도적으로 적대감이나 화를 유도하거나, 혹은 거짓 내용으로 비난 글을 게시하는 행위를 말한다. 인터넷 트롤internet troll은 실제 인간 사용자일 수도 있고, AI 알고리즘이 조종하는 봇일 수도 있다.

최근 챗GPT와 같은 생성형 인공지능Generative AI이 구사하는 스토리텔링 능력, 즉 내러티브 능력은 사용자가 사람과 소통한다고 착각할 만큼 놀랍게 발전하고 있다. 따라서 생성형

AI의 커뮤니케이션 능력에 힘입은 소셜봇이나 정치봇은 온라인 여론에 영향을 끼치는 데에 이용될 수 있다. 선전이나 선동을 뜻하는 프로파간다propaganda 메시지는 전통적인 '영향이론influence theory'과 인지심리학의 '설득이론' 및 다양한 하위 이론에 기반을 두고 있는데, 이렇게 학문적 이론을 적용하여 봇이 정교하게 조작된 정보를 만들어 설득할 수 있다. 이러한 봇의 커뮤니케이션 행위는 '인지 해킹cognitive hacking' 또는 '마인드 해킹mind-hacking'으로 불릴 정도로 현대 AI 기술은 사람의 감정에 대한 고도의 이해 능력을 발휘하고 있다.

정치적 목적이든 상업적 목적이든 프로파간다 혹은 홍보 메시지를 확산시키기 위해 정보커뮤니케이션 활동에 동원되는 소셜봇은 설득 효과가 경험적으로 입증된 고도의 심리적 기제를 활용한다. 다양한 설득 기제 중 가장 강력하면서도 쉬운 전략은 '정보의 양'에 의한 효과다. 사람들은 특정 사안에 대해 서로 다른 정보원이 제공하는 정보가 일치하거나 혹은 서로 다른 논쟁이 있더라도 결국 동일한 결론에 도달한 경우, 그 정보를 신뢰하는 경향이 있다. 어떤 논쟁적인 이슈에 대해 서로 해석이 다소 다르더라도 여러 언론사가 유사한 결론을 제시한다면 사람들은 그 결론에 쉽게 설득된다. 사람들은 '정보의 질'보다 동일한 결론에 이른 '정보의 양'을 더 중요하게 여기는 셈이다.

예를 들어, 특정 사안을 다루는 전체 기사의 양을 늘리거나 해당 이슈를 지겨울 정도로 반복적이고 지속적으로 비슷한 시각에서 다룰 경우, 사람들은 그 사안에 대해 특별히 다른 접근법이나 해석, 설명을 시도하려 하지 않는다. 특정 사안에 대한 정보가 풍부한 환경에서 사람들은 다수가 말하는 것이 진실이라고 간주하고 반대 의견은 무시하게 된다는 것이다. 따라서 이러한 상황에서 사람들은 소수의 전문가가 제시하는 다른 의견에는 귀 기울이지 않을 가능성이 크다. 사람들의 이러한 인지적 편향성이 바로 봇 효과를 기획하는 배경이 된다.

인터넷의 검색엔진 알고리즘을 조작하는 방식으로 특정 메시지와 프로파간다 어젠다를 확산시킬 수도 있다. 즉 '정보의 규모'를 '정보의 신뢰성' 척도로 간주하는 사람들의 심리를 이용하는 것이다. 특정 정보와 메시지가 인기 있는 정보인 것처럼 과도한 우선권을 부여하는 알고리즘이 악용될 수 있다. 예를 들어, 웹사이트의 검색창에 특정 단어나 문장 일부를 입력할 때 문장 전체가 자동 완성되게 만드는 것도 그러한 정보 조작 방식이 된다. 앞서 언급했듯이 정보가 풍부한 환경에서 사람들은 다수가 인정하는 정보를 전문가의 주장보다 더 신뢰하므로 소셜봇은 특정 여론을 조성하기 위해 팔로워 수나 많은 '좋아요(likes)'를 생성시키는 알고리즘을 활용할 수 있다.

사람들은 누군가의 주장이나 특정 정보가 일관성이 없으면, 그 주장이나 정보를 신뢰하지 않는다. 특히 국가 기관이나 언론의 경우, '사실'을 정확하게 제시하고 제공하는 것은 정부와 미디어에 대한 신뢰성 확보를 위해 매우 중요한 조건이다. 하지만 어떤 정보나 메시지가 이러한 전통적인 설득의 원리를 벗어나도 우리 뇌의 작동 방식을 교묘하게 조종해 그러한 정보를 믿게 만들 수 있다. 전통적인 설득전략은 메시지 신뢰성을 높이기 위해 '진실'과 '일관성'을 강조하지만, 이와 반대되는 전략으로도 사람들을 속일 수 있다는 뜻이다. 예를 들어, '거짓'으로 밝혀진 정보를 재사용하거나 또 다른 거짓 정보를 약간 수정하여 마치 업데이트된 정보인 것처럼 다시 제시할 경우, 사람들은 그 정보를 받아들일 가능성이 커진다.

인간의 인지적 편향성을 학습한 알고리즘은 우리의 정신 상태와 기분을 얼마든지 설계할 수 있다. 오늘 매우 슬프거나 우울한 소식을 접했는가? 그러면 귀엽고 웃긴 동물들이 등장하는 쇼츠shorts를 끝없이 시청하거나 챗GPT에게 그러한 정보를 제공받아 즐거운 기분으로 감정 상태를 인위적으로 바꿀 수 있다. 일종의 정신적 도피, 감정적 회피를 의도적으로 선택하는 것이다.

이성과 헤어졌는가? 어떤 데이트 상대를 조심해야 하고 피해야 하는지에 대한 전문적 심리상담을 제공하는 유튜브 채널을 시청하면, 당신을 슬프게 만든 이성과의 이별이 오히려 잘한 일처럼 여겨질 수 있다. 갑자기 슬픈 기분을 홀홀 털고, 새롭고 제대로 된 사람을 만날 희망을 꿈꾸게 될지도 모른다.

신체의 갑작스러운 변화와 함께 감정이 요동치는 사춘기 혹은 갱년기를 겪고 있어 힘든가? 건강한 정신 상태를 유지해주는 데 도움이 되는 음악과 명언을 끊임없이 주입해주는 이미지와 영상을 제공하는 알고리즘의 도움을 받으시라. 우리의 마음은 얼마든지 기획될 수 있고 조작될 수 있다.

뇌 스캔으로 읽는 감정과 시각장애인이 꾸는 꿈

우리 뇌에서 무슨 일이 일어나는지 알게 되면 뇌 질환이나 정신질환과 연관된 이상행동을 교정하는 데 중요한 단서나 해결책을 얻을 수 있다. 현대 뇌과학과 인공지능의 발전으로 뇌 활동을 직접 스캔하고 분석하여 설명할 수 있게 됨에 따라 그동안 심리 현상으로 설명되었던 인간 감정의 상당 부분을 뇌의 현상으로 설명할 수 있게 되었다.

'뇌-컴퓨터 인터페이스 기술Brain-Computer Interface, BCI'은 뇌와 컴퓨터를 연결하고 뇌파를 이용하여 컴퓨터나 기계를 조작하는 일종의 '뇌-기계 인터페이스 기술Brain-Machine Interface, BMI'이다. BCI, BMI 기술은 더 넓은 차원에서는 'HCIHuman-

Computer Interface 기술'이다. BCI, BMI 기술 중 대표적인 '기능적 자기공명영상법functional Magnetic Resonance Imaging, fMRI'은 인간이 어떤 대상을 보거나 움직일 때, 또는 외부의 자극을 받을 때 대뇌피질의 특정 부위에서 변화하는 혈류량을 측정하는 뇌 영상 기법이다. fMRI 기술로 뇌 혈액에서 산소를 운반하는 헤모글로빈의 농도 변화를 측정하면 뇌의 특정 영역을 활성화하는 혈류 변화를 탐지할 수 있다. 이처럼 BCI 기술은 뇌파, 뇌신경 및 뇌 혈류 계측장치를 뇌에 연결하여 뇌 활동을 관찰하고 예측할 수 있게 만들고 있다.

미국 캘리포니아 대학교 버클리 캠퍼스의 뇌과학 연구팀과 구글은 감정적 반응을 유발하는 다양한 장면에 대해 뇌가 어떻게 다른 반응을 보이는지 관찰한 바 있다. 연구진은 fMRI를 통해 감정적 반응이 있을 때 뇌의 뒤통수, 즉 후두부의 측두側頭 피질이 활성화되는 것을 발견했다.[38] 한편 fMRI의 뇌 스캔을 이용한 또 다른 연구에 따르면 사람들이 단순히 '부정'이나 '긍정'의 감정이 아니라 괴로우면서도 쾌감이 느껴지는 '달콤씁쓸함bittersweet'과 같은 복합적인 감정을 분석할 수 있다. 사람이 다양한 감정을 함께 느낄 때는 뇌의 측핵과 편도체가 활성화되었고, 감정에 변화가 생길 때는 대뇌피질의 뇌섬엽이라고 불리는 부위가 활성화된다.[39]

이렇게 오늘날 발전된 뇌과학은 뇌 스캔 기술을 통해 사람이 특정 대상을 보거나 특정 감정을 느낄 때 활성화되는 뇌의 특정 부위를 발견해내는 데 그치지 않는다. 현재의 BMI 기술은 사람이 무엇을 생각하는지 뇌 스캔을 통해 이미지를 추출할 수 있으며, 이 과정에서 인공지능 기술이 핵심적인 역할을 한다. 최근 독일과 일본의 연구진은 DALL-E 2 혹은 미드저니와 비슷한 생성형 AI 알고리즘 프로그램인 '스테이블 디퓨전Stable Diffusion'으로 뇌 스캔을 통해 추출한 이미지를 구현해내기도 했다.[40] 기계를 통해 사람의 마음을 읽는 것이 실제 가능해진 것을 의미한다.

그런데 뇌 스캔을 통해 사람의 마음을 읽는 것은 시작에 불과하다. BMI 기술은 인간의 뇌가 보내는 신호를 기계제어 명령으로 변환하여 신체 내부나 외부에 설치된 보조기기를 움직이도록 지시하는 신호를 전송할 수도 있다. 과학자들은 뇌에서 일어나는 일을 데이터로 만들고, 이러한 데이터를 인공지능의 거대언어모델Large Language Models, LLMs이 학습하게 하여 인간이 외부 정보나 자극에 대해 반응하는 말이나 감정의 변화를 예측하도록 훈련시키고 있다.

이처럼 뇌과학과 인공지능이 서로 결합되면서 인간 뇌가 작동하는 방식에 대한 비밀이 하나씩 밝혀지고 있고, 과학자들은 이러한 연구를 이용하여 다양한 신체적 장애가 있는 환자들을 보조할 수 있는 기술을 개발할 수 있게 되었다. 특히 알츠하이머병 발병률 예측에 있어서 뇌 스캔 자료를 기계학습한 인공지능 기술은 현재 90% 수준의 정확도를 보인다.[41] 환자 개인의 유전자 정보 등을 활용하여 인공지능 기술이 특정 환자에게 맞춤화된 치료 방법을 신속하게 찾아내기도 한다. 따라서 오늘날 의료계는 뇌질환 치료와 관련하여 인공지능 기술에 거는 기대가 매우 크다.

뇌 스캔 기술과 관련하여 사람들이 궁금해하는 이슈 중 하나는 선천적 시각장애인이 꿈을 꿀 때 꿈속에서 가시적인 이미지를 보는지, 그 여부다. 선천적 시각장애인은 '시각 vision'에 대해 경험한 적이 없기에 이미지가 등장하는 꿈을 꿀 수 없다고 알려져 있다. 전혀 다른 방식으로 꿈을 꾼다는 것이다. 즉 시각장애인의 꿈은 시각적 내용은 배제되지만, 촉각이나 청각, 후각 등의 감각으로 구성된다. 그런데 최근 뇌과학자들은 뇌 스캔을 통해 선천적 시각장애인이 꿈을 꿀 때, 시각 기능과 연결된 뇌 부위인 시각 피질이 활성화되는 현상을 발견했다. 선천적 시각장애인이 특정한 냄새를 맡거나 촉각을 느끼거나 소리를 들을 때도 시각 피질이 반응한다.[42] 지금으로서는 감각이 서로 연결되어 작용한 결과로 해석되지만,

속단할 수는 없다. 뇌 스캔 기술을 비롯해 뇌 과학 연구가 더 진전되면 더 분명한 답을 얻게 될지도 모른다.

가령, fMRI와 같은 뇌 스캔을 통해 꿈을 꿀 때 나타나는 뇌 활동과 꿈을 꾼 이후 사람들의 꿈에 대한 설명을 기록하고 이러한 과정을 수백 번 반복해 데이터화하고 AI를 통해 분석하면 사람들이 어떤 꿈을 꾸는지 알 수 있게 될 것이다. 이미 2014년부터 시작된 일본 뇌과학자들의 꿈 분석 연구는 2024년 기준으로 꿈에 나오는 대상을 60~70%의 정확도로 알아맞힌 실험 결과가 발표되기도 했다.[43]

정신과 육체를 읽는 뇌파

인간의 대뇌 피질은 수십억에서 수조 개에 이르는 신경세포인 '뉴런neuron'으로 구성되어 있다. 이 수많은 뉴런은 전기적, 화학적 신호를 서로 주고받으며 정보를 처리하고 전달한다. 뉴런이 전기 신호를 서로 주고받을 때 미세한 전류가 발생한다. 이 전류들이 모이면 이 흐름이 리듬을 타면서 마치 파도와 같은 물결을 형성하는데, 이것을 '뇌파Electro Encephalo Graphy, EEG'라고 부른다. 말하자면, 뇌파는 뇌세포의 전기적 활동을 파동의 형태로 측정한 전기 신호이기 때문에 두피에 전극을 부착하면 두뇌 내부에서 발생하는 전기활동을 측정하는 방식으로 뇌파를 간접적으로 기록할 수 있다.

인간의 뇌 활동은 인지 및 신체 활동과 밀접하게 연결되어 있으며, 뇌파에 대한 정보는 이러한 관계를 밝히는 중요한 단서다. 뇌파는 직접 관찰할 수 있는 정보이기 때문에, 현대 뇌과학은 이를 기록하고 분석하는 기술을 활용하여 인간 뇌의 비밀을 연구해온 것이다. 그런데 뇌과학이 발전하면서 뇌파의 비밀이 하나둘 벗겨지고 있다. 뇌파는 인간의 정신적 상태와 아주 밀접한 관계가 있는데, 서로 다른 뇌파의 속도가 그 관계를 알게 해주는 힌트다.

　　인간의 뇌가 활발하게 활동할 때 특정한 뇌파가 발생한다. 그중 속도가 느린 델타파는 0.3~4Hz 대역의 주파수를 가지며, 진폭이 가장 큰 뇌파다. 델타파는 인간의 생명 유지에 관여하는 뇌 부위에서 발생하며, 깊은 수면 상태에서 지배적으로 나타난다. 델타파는 의지적인 사고가 필요 없는 무의식 상태에서 나타나는 뇌파이고, 뇌가 손상되어도 나타난다. 두부 손상 환자처럼 각성상태에서 델타파가 나타나는 건 비정상적인 뇌 활동이다.

　　3~7Hz 대역의 주파수를 갖는 세타파는 감정조절에 있어서 중요한 역할을 하는 뇌파로, 인간의 감정 활동과 밀접하게 관련되어 있다. 감정적으로 상처를 입거나 반대로 기쁜 상태에서 나타나며, 깊은 수면 상태가 아닌 졸음이 쏟아지는 순간

에 활발해진다. 예술적인 활동이나 창의적인 사고를 할 때도 세타파가 두드러지게 나타난다. 세타파가 결손될 경우, 창의적인 생각, 즐거운 마음, 열정이 사라질 수 있다. 세타파는 장기기억 형성에 관여하며, 명상이나 꿈을 꾸는 동안에도 나타난다. 어떤 일을 능숙하게 수행하는 능력에도 세타파가 기여하기 때문에 집중력 유지에도 중요한 역할을 한다. 아이러니하게도 주의력 결핍 과잉행동 장애ADHD를 겪는 사람의 뇌에서는 오히려 세타파가 지나치게 활성화된다.

8~12Hz 대역의 주파수를 갖는 알파파는 인간의 의식과 잠재의식을 연결하는 역할을 하는 뇌파다. 알파파는 의식과 무의식의 중간 상태에서 나타나며, 각성된 상태지만 특정한 사고나 집중을 하지 않는 상태에서 활성화된다. 주로 긴장이 완화된 상태, 휴식을 취하거나 명상에 잠긴 순간, 혹은 편안하고 차분한 상태일 때 증가한다. 반면, 조급함이나 불안감이 큰 상황, 극심한 스트레스 상태, 뇌 손상 또는 질병으로 인해 인지 기능이 저하되면 알파파가 감소한다.

13~30Hz 대역의 주파수를 갖는 베타파는 사람이 특정 대상에 얼마나 집중하고 있는지에 따라 강도가 달라진다. 베타파는 주파수가 12~15Hz인 SMR, 15~18 Hz인 중간 베타파, 20Hz 이상의 고 베타파로 세분화할 수 있다. SMR은 특정

대상에 대해 스트레스를 받지 않는 편안한 상태에서 단순한 집중이 필요할 때 나타나는 뇌파로, 깨어 있는 시간 동안 활성화된다. 예를 들어, 음악을 감상하거나 다른 사람의 이야기를 수동적으로 듣고 있을 때는 SMR이 나타난다. 중간 베타파의 경우, 눈을 감고 있는 각성상태에서는 뇌의 측두엽에서, 눈을 뜨고 있을 때는 전두엽에서 주로 나타나며, 논리적 사고나 문제해결 과정에 관여한다. 반면, 극도로 긴장하거나 스트레스를 심하게 받거나 불안한 상태에서는 고 베타파가 발생한다.

30~100Hz 대역의 가장 높은 주파수를 갖는 감마파는 집중력이나 기억력과 관련이 있으며, 무언가를 갑자기 깨달을 때 활성화되는 뇌파다. 감마파는 수면 중 눈동자가 빠르게 움직이는 현상인 'Rapid Eye Movement', 즉 '렘REM수면' 시에도 나타난다. 렘수면 동안 인간의 뇌는 매우 활발하게 활동하며 꿈을 꾸게 되는데, 이와 함께 심박수와 호흡도 증가한다. 정상적인 렘수면에서는 뇌가 활성화되는 반면 근육은 이완된 상태를 유지한다. 그러나 렘수면 중 근육의 긴장도가 증가하여 꿈에서의 행동이 실제로 나타나는 경우, 이를 '렘수면행동장애Rapid eye movement sleep Behavior Disorder, RBD'라고 한다.

뇌파를 포함한 인간 신체의 측정 가능한 정보를 이용하여 감정, 사고, 신체 상태에 다시 영향을 미치려는 의학적 시도는 오랜 기간 이루어져 왔고, 그간 많은 발전을 거듭해왔다. 인간의 마음과 신체에 대한 정보를 활용하여 신체의 상태를 의도적으로 조절하거나 개선하려는 노력은 1970년대부터 시작되었다. 근전도 검사, 피부전기반응검사, 뇌파기록검사, 심전도검사 등에서 얻어지는 정보를 통해 우리가 의식적으로 인지하지 못하는 신체의 무의식적 과정에 개입하려는 노력이 이어져 왔다.

한편, '바이오피드백biofeedback'은 신체에 센서를 부착하여 뇌파, 심박수, 혈압, 근육 긴장도, 호흡 상태, 발한상태, 체온 등 다양한 생리적 변화를 측정하고, 그렇게 얻어진 정보를 통해 문제가 있는 신체의 활동에 개입하여 기능을 정상화하는 기술이다. 즉 신체의 생체신호를 모니터링하고 의도적으로 신체 기능을 통제하는 기술이다. 최근 스마트워치와 같은 웨어러블 기기가 널리 사용되면서 사람들은 이전에는 정확하게 확인하기 어려웠던 자신의 신체정보를 실시간으로 모니터링할 수 있게 되었다. 웨어러블 기기를 통해 수면 패턴, 수면 중 산소포화도, 코골이 여부 등 수면 습관을 모니터링하면 수면의 질을 확인할 수 있다. 여성의 경우, 반지나 시계 형태의 기기를 통해 몸에 부착한 온도센서를 이용해 생리주기를 예측하고, 혈당이나 혈압을 실시간으로 측정하여 당뇨병과 고혈압 등을 쉽게 관리할 수 있다.

이 밖에도 웨어러블 기기는 목소리, 호흡, 기침 등 생체신호를 분석해 질병을 감지하고, 심박수·호흡·땀 분비 패턴을 기반으로 스트레스 지수도 측정한다. 또한, 걸음 수를 측정하는 등 신체 활동량을 스스로 모니터링할 수 있기 때문에 현대인들은 웨어러블 기기를 통해 스스로 바이오피드백을 실천할 수 있다.[44]

바이오피드백의 뇌 버전인 '뉴로피드백neurofeedback'은 뇌 신경세포 간 정보 교류 시 발생하는 뇌파를 활용하여 신체 기능을 조절하는 방법이다. 인간 뇌의 전전두엽은 인간의 고차원적인 의도와 관련된 뇌활동에 관여하는데, 최근 전전두엽에서 발생하는 뇌파 신호를 뇌에 부착한 BMIBrain-Machine Interface가 읽고 주변 사물을 제어할 수 있는 기술이 개발되고 있다.[45] 이처럼 인간의 생각으로 기계를 조종하고 뇌파로 기계를 움직이는 기술이 점점 가시화되고 있다.

너드와 근육맨에 대한 편견

'너드nerd'는 만화영화나 청소년 드라마에 빠지지 않고 등장하는 캐릭터다. 이들은 주로 마른 체형과 창백한 얼굴에 두꺼운 렌즈의 안경을 착용하고, 수학이나 과학에 깊이 빠져 있다. 너드 캐릭터들은 신체적으로는 열세해 보이지만 천재적인 면모를 보이며, 어떤 문제나 난관이 닥쳤을 때 중요한 해결책을 제시하곤 한다. 반면, 너드와 대조되는 캐릭터는 주로 큰 키의 근육질 체격에, 활기가 넘쳐 보이지만 학업에는 관심이 없는 모습으로 묘사된다. 디즈니 애니메이션에 등장하는 왕자들은 대부분 책을 읽는 모습보다는 말을 타고 숲을 누비는 등 활동적인 면모로 그려진다. 지성미와 상남자 이미지를 합쳐놓은 왕자 캐릭터도 존재하지만, 그런 캐릭터는 드물다. 디즈니 애니메이션에 등장하는 신데렐라, 백설 공주, 인어공주와 같은 여성 주인공들의 인지도와 비교하면 이들과 짝을 이루는 왕자들은 상대적으로 덜 기억에 남는다. 이들 왕자 캐릭터들은 외모, 이름, 성격 어느 면에서도 깊은 인상을 남기지 못하는 경우가 많다.

여성 캐릭터의 경우에도 순정만화에 등장하는 예쁜 여자 주인공들은 대개 성격이 유순하고 마른 캐릭터다. 혹시라도 육감적으로 묘사되는 여성 인물은 학교에서 책을 읽거나 사무실에서 서류를 다룰 때 그 자체로 지성적인 스타일로 묘사되지 않고 굳이 안경을 착용한다. 학교나 사무실은 육감적인 여성 캐릭터에게 어울리지 않다고 보고 추가적인 장치를 덧붙인 것이다. 만화뿐만 아니라 영화에서도 군사 안보나 과학기술 같은 이슈를 논하는 국제회의, 대학 캠퍼스의 실험실, 그리고 도서관에 마릴린 먼로가 돌아다닌다고 생각해보라. 여간해서는 상상하기 어렵다.

특정 캐릭터에 대한 이러한 설정은 사람들에 대한 굉장히 정형화된 묘사다. 지성과 육체적 우월성을 굳이 분리하는 이유가 뭘까? 뇌도 인간 육체의 일부인데, 왜 인간 뇌의 능력과 근육의 능력을 서로 동떨어진 것으로 여기는 걸까?

현대 뇌과학은 이와 같은 질문에 대해 "너드와 근육맨, 지적인 능력과 육체적 매력을 분리시키지 말라"라고 대답할 것이다. 오히려 뇌의 건강은 근육의 건강과 아주 밀접한 관계다. 우리 인체의 뼈에 붙어서 몸을 움직이게 하는 골격근은 내분비 조직으로서 우리 몸이 어떻게 움직일 것인지 다양한 신호 분자를 몸의 이곳저곳에 보낸다. 즉 근육은 '근력'과 관련된 신체 활동에만 필요한 것이 아니라, 뇌를 비롯한 여러 신진대사 과정에 관여하는 중요한 내분비기관이다.

근육에서 분비되는 호르몬인 '마이오카인myokines'은 의학계가 최근 발견한 단백질인데, 단순히 근육의 양에 비례해서 분비되기보다 운동할 때 활발하게 생성된다. 마이오카인이 뇌로 전달되면 인지능력이나 감정과 관련된 행동을 조절할 수 있다. 즉 뇌와 근육이 끊임없이 서로 전기화학적 신호를 주고받으며 소통한다. 우리의 근육이 튼튼하고 규칙적으로 운동한다면, 인지능력과 감정을 조절하는 우리의 뇌 기능도 좋아질 수 있다는 뜻이다.[46]

운동 중에 발생하는 긴장과 스트레스는 근육섬유를 미세하게 손상하게 되는데, 이 손상을 스스로 치유하는 과정에서 근육의 양과 밀도가 증가하게 된다. 이러한 반복적인 치유 과정을 거치면서 근육은 재생되고 성장한다. 그런데 운동 중 커지는 것은 근육량만이 아니다. 기억과 학습에서 중요한 역할을 담당하는 해마 또한 운동을 통해 크기가 확대된다. 해마가 작아지는 것이 치매 위험률을 높이는 것은 나이가 들면서 근육의 기능이 약해지는 것과도 밀접한 관련이 있음을 말해준다.[47] 만약 당신이 정신이 온전하고 기억도 또렷한 상태로 늙고 싶다면 근육 운동이 필수임을 기억하라.

하지만 두피에 물리적 충격을 가하는 운동의 경우는 어떨까? 이 경우, 운동이 뇌 기능에 미치는 긍정적 효과는 달라질 수 있다. 최근 뇌과학자들은 머리로 딱딱한 공을 들이받아야 하는 축구 선수들은 일반인보다 치매, 알츠하이머병, 그리고 신경퇴행성 질환에 걸릴 위험이 훨씬 크다는 것을 발견했다. 실제로 전문 축구 선수들은 일반인보다 이러한 질환에 걸릴 확률이 50% 이상 높다. 즉, 운동 중 뇌에 반복적인 물리적 충격이 있게 되면 건강에도 해로운 것이다.

축구에서 헤딩이 선수의 뇌 건강에 미치는 부정적인 영향을 뇌과학이 밝혀내면서 스포츠 정책에도 영향을 끼치고 있다. 영국에서는 12세 이하의 어린이가 축구 경기에서 헤딩 기술을 사용하지 못하도록 하는 법안 발의가 추진되었다. 모든 스포츠에는 부상의 위험이 따르지만, 뇌 건강에 직접적인 영향을 끼치는 특정 기술에 대해 국가가 국민 건강 차원에서 취한 조치인 셈이다.

　뇌과학의 발전이 밝혀낸 뇌와 근육 간의 긴밀한 관계에 대한 지식으로 이제 너드와 근육맨이 서로 이질적인 존재가 될 수 없다는 것을 알게 되었다. 오히려 근육이 많고 운동을 꾸준히 하는 너드는 그렇지 않은 너드보다 더 총명하며, 나이가 들어서도 지혜와 통찰력이 풍부하고, 기억력이 좋은 노인이 될 가능성이 크다.

뇌파를 사용하는 전신마비 환자들

미국 캘리포니아대학교 로스앤젤레스UCLA의 생명공학 연구진은 최근 목에 가로세로 1인치 크기의 부드럽고 작은 패치를 부착해 음성 없이도 소통할 수 있도록 돕는 장치를 만들었다. 성대결절이나 후두암 수술 등 다양한 이유로 목소리를 내는 데에 장애가 있는 환자들이 이러한 생체전기 패치를 이용해 말을 하지 않고도 자기 의사를 전달할 수 있게 된 것이다. 패치는 목 근육의 미세한 움직임을 감지해 이를 음성언어로 변환하며, 그 정확도가 무려 95%에 달한다. 이는 성대 근육의 움직임을 전기 신호로 변환하고, 이를 특정 단어와 연결하는 기계학습 기반의 인공지능 기술 덕분에 가능해진 혁

신적인 성과다.[48]

이처럼 웨어러블 기기가 인공지능 기술과 결합하면서 육체적 장애는 더 이상 한계가 아닌 시대가 열리고 있다. 만약 절대적인 침묵이 필요하거나 소음을 차단해야 하는 환경에서 이 패치를 활용한다면, 우리는 소리를 내지 않고도 얼마든지 필요한 의사소통을 할 수 있다. 가령, 비밀작전이나 특수작전을 수행하는 국가 요원들도 이 패치를 사용하게 되지 않을까? 그런데 이보다 더 놀라운 인공지능 기술이 계속 등장하고 있다. 이미 목 근육을 사용하지 않고, 오직 생각만으로 기계를 조작할 수 있는 기술이 개발되었다.

앞서도 언급했듯이, 인간의 두뇌와 기계를 직접 연결해 뇌파로 기계를 제어하는 BMIBrain Machine Interface, BCIBrain Computer Interface 기술은 뇌파 정보를 통해 인간의 의도를 읽고 인간과 연결된 기계를 조작하거나 움직일 수 있다. 인간의 뇌파를 신호 데이터로 변환하고 기계나 컴퓨터에 명령을 전달하는 것이다. 인간의 신체에서 발생하는 전기적 활동인 생체신호를 정확히 해석할 수 있다면 이 신호를 사용하여 어떤 기계든 조작할 수 있다는 의미가 된다. 뇌와 컴퓨터가 사용하는 서로 다른 언어를 안전하고 완벽하게 호환할 수 있게 해주는 '통역기'를 만들어내는 것이 BMI와 BCI 기술의 관건이다.

전신마비 환자가 자신의 뇌파를 이용해 휠체어나 다른 기계들을 조작하는 BMI/BCI 기술은 인공지능 기술이 본격적으로 사용되기 전인 1990년대부터 이미 가능했다. 또한, 전신마비 환자가 기계와 실시간으로 소통하며 온라인 게임을 즐기는 초기 기술도 2010년대 초반에 구현되었다. 2022년에 미국 텍사스대학교 뇌과학 연구진은 BCI 기술을 사용하여 오직 생각만으로 게임을 조작할 수 있는 기술을 개발한 바 있다. 사용자는 머리에 컴퓨터와 연결된 전극이 부착된 캡을 착용한 후 자동차경주 게임을 조작할 수 있었다. 이러한 기술은 장애인의 팔이나 다리 역할을 할 수 있는 로봇 개발에도 활용되고 있다.[49]

우주기업 '스페이스 X', 전기자동차 '테슬라', 뇌신경과학 스타트업 '뉴럴링크'의 최고경영자 일론 머스크Elon Musk는 최근 '텔레파시telepathy'라는 이름의 뇌 이식용 전극을 개발했다. 이 기술은 2020년 실험용 돼지 '거트루드Gertrude'의 뇌에 '링크 0.9'라는 칩을 이식해 초당 10메가비트 속도로 뇌파를 무선 전송하는 실험으로 처음 시도되었다. 그로부터 4년 후, 인간을 대상으로 한 실험이 진행되었다. 동전 크기의 '텔레파시' 칩을 이식받은 전신마비 환자들은 이를 활용해 온라인 체스 게임을 즐길 수 있게 된 것이다.

"잠금 해제된 뇌The Brain Unlocked"라는 슬로건을 내건 미국 BCI 개발 기업 '싱크론Synchron'의 경우, 칩을 이식받은 루게릭병(근위축성측삭경화증) 환자가 눈을 움직이는 것만으로도 소셜미디어 메시지를 보내고 인터넷 검색을 할 수 있는 기술을 선보였다. 2024년 9월, 루게릭병을 앓고 있는 64세 남성은 BCI 기술을 활용해 목소리를 내거나 손을 사용하지 않고 오직 생각만으로 스마트홈을 제어할 수 있음을 보여주었다. 이 남성은 아마존이 개발한 음성 인식 AI 스피커 알렉사Alexa를 이용해 집안의 전등을 켜고 끄는 것뿐 아니라 화상 통화를 하거나 음악을 재생하고, 아마존에서 상품을 구매했다.[50]

한편, 최근 미국 의료계에서 개발에 성공한 '뇌심부자극술Deep Brain Stimulation, DBS'도 파킨슨병, 알츠하이머병, 뇌전증, 본태성 떨림, 간질 등 뇌질환 환자의 치료를 돕고 있다. 이 치료법은 뇌에 미세 전극을 이식한 후 AI로 뇌 활동을 모니터링하면서 특정 부위에 전기 자극을 가해 마비나 떨림 증상을 완화한다. AI 기술을 적용해 환자의 신체 상태에 맞춰 전기 자극의 강약을 조절한 결과, 환자의 불편 증상이 50%까지 해소되는 효과가 나타났다고 한다.[51]

텔레파시

뇌파로 기계를 움직일 수 있다면, 사람들 간에도 뇌파 커뮤니케이션이 가능할까? 누군가를 생각하는 순간 그에게서 마침 연락이 온다면 사람들은 놀라며, '텔레파시가 통했나? 내가 텔레파시를 보낸 걸까?'라는 장난스러운 생각을 하게 된다. 흔히 드라마나 영화 속 남녀 주인공이 오랜 세월이 흘러도 운명처럼 다시 만나게 되는 이야기, 서로 만날 수 없었으나 마음은 이어져 있었다는 묘사, 결국 어떻게든 만나게 되는 해피엔딩은 사람들이 좋아하는 이야기다.

이처럼 '마음과 마음이 대화하는 능력'인 '텔레파시'는 물리적 대면 없이 감각을 사용하지 않고 한 사람이 전달하고자 하는 정보를 상대방에게 전하는 능력을 말한다. 쉽게 말해, 특정 정보를 담은 신호를 수신한 컴퓨터나 사람이 발신자가 보낸 정보를 알 수 있는 능력이다. 만약 '뇌파측정법'을 통해 인간의 뇌에서 일어나는 전기적 활동을 기록하고 다른 사람이나 컴퓨터에 전달하여 수신자가 그 의미를 알 수 있다면, 텔레파시는 기술적으로 가능한 일이 된다.

최근 미국 팟캐스트에서는 7시간 분량의 이야기를 담은 '텔레파시 테이프The Telepathy Tapes'가 큰 화제가 된 바 있다. 다큐멘터리 제작자 카이 디킨스Ky Dickens와 정신과 의사 다이엔 헤너시 파월Diane Hennacy Powell이 만든 이 콘텐츠는 자폐증을 앓고 있는 아동이 지닌 텔레파시 능력을 다루고 있다. 2024년 9월 팟캐스트에 공개되자마자 디지털 음악 서비스 플랫폼인 '스포티파이Spotify'에서 1위를 차지했고, 2025년 초 시청자들 사이에서 뜨거운 반응을 불러일으켰다.[52]

디킨스와 파월은 말을 못 하는 자폐 아동이 부모가 떠올리는 단어나 숫자를 보드에 정확히 적어내는 모습을 보여주며, 그들이 보유한 '마인드 리딩mind-reading' 능력을 증명하려 시도했다. 물론 이들의 주장에 대해 '유사 과학'에 근거한 '부질없는 희망'이라는 비판이 더 크지만, '텔레파시 테이프' 에피소드는 여전히 관심을 끌고 있다. 두 제작자는 누구나 마인

드 리딩이 가능하다는 것을 시즌2에서 입증하겠다는 계획까지 밝혔다.[53]

텔레파시 테이프는 자폐 장애가 오히려 초능력의 조건으로 작용한다는 반전을 다룬 이야기여서 대중에게 큰 인기를 얻고 있지만, 아직 뇌과학계에서 텔레파시가 가능하다는 것을 입증한 적은 없다. 하지만 뇌과학과 인공지능 기술의 발전은 상상의 세계에만 머물렀던 텔레파시를 현실화할 가능성을 제기한다. 인공지능이 뇌파를 분석하는 방식으로 인간의 생각을 읽어내는 것이 가능해지고 있기 때문이다. 인공지능이 인간 뇌의 메신저 역할을 하게 될 날이 올 수도 있지 않을까?

식물과 동물의 언어를 AI가 통역한다?

    유튜브를 비롯한 소셜미디어에서 인기 있는 콘텐츠 중 하나는 동물들끼리 혹은 동물과 인간 간의 상호작용을 유머러스하게 담아낸 영상이다. 고양이와 개가 장난스럽게 몸싸움을 벌이거나, 새가 발을 헛디뎌 떨어지는 모습을 보고 다른 새가 황당해하는 장면, 개들이 힘을 합쳐 울타리나 집 문을 열고 탈출하는 모습, 새나 다람쥐가 상점에서 몰래 인간의 음식을 훔쳐 달아나는 장면 등 웃음을 유발하는 동물 영상이 무수히 많다. 주인이 특정 단어를 말했을 때 이를 알아듣고 반응하는 동물의 모습이 담긴 영상은 인간과 동물 간의 소통이 가능하다는 것을 보여주기도 한다. 사람들이 동물의 이러한 행동을 보고 재미를 느끼는 것은 그들의 커뮤니케이션 방식과 행동이 이해되기 때문이다.

오늘날 뇌신경과학, 인지과학, 통계학 등을 활용한 인공지능 기술은 동물들이 서로 어떻게 소통하는지를 밝혀내고 있다. 인공지능을 통해 동물들의 커뮤니케이션 행위에 대한 방대한 정보를 신속하게 수집하고 데이터화할 수 있게 되었고 이에 대한 분석 속도도 빨라진 것이다.

미국 콜로라도주립대의 한 연구진은 코끼리가 사람처럼 서로 이름을 부르며 소통한다는 것을 발견했다. 이러한 커뮤니케이션 방식은 일반적으로 '추상적인' 사고가 가능한 인간에게서만 나타나는 특징인데, 코끼리도 이를 활용한다는 점에서 코끼리의 뛰어난 인지능력이 밝혀진 것이다. 역시 인지능력이 매우 우수한 돌고래나 앵무새는 상대방을 부를 때 소리를 흉내 내는 방식을 사용한다. 그런데 놀랍게도 코끼리는 소리를 흉내 내지 않고 '언어'를 사용한다. 코끼리는 수다스럽고 표현력이 좋은 동물로, 후각이나 촉각에 의존하지 않고도 나이, 성별, 심리 상태 등 다양한 정보를 자기들끼리의 언어로 주고받을 수 있다. 다만, 항상 서로의 이름을 부르는 것은 아니고, 주로 거리가 멀리 떨어져 있을 때나 어른 코끼리가 아기 코끼리를 부를 때 이름을 사용하는 경향을 보였다.[54]

그런가 하면 최근 미국 워싱턴대학교의 뇌과학 연구진은 알고리즘 프로그램 '딥스퀵DeepSqueak'을 개발하여 인간이 들을 수 없는 쥐들의 초음파 커뮤니케이션을 분석했다. 딥스퀵을 통해 연구진은 기분 좋을 때, 고통을 느낄 때, 혹은 짝짓기를 위해 구애할 때 등 다양한 상황에서 쥐들이 서로 다르게 소리 내는 것을 발견했다.[55] 이처럼 인공지능과 인지과학의 발전에 따라 고래, 원숭이, 고양이 등 다양한 동물들이 서로 어떻게 소통하는지를 분석한 다양한 연구 결과가 발표되고 있다. 고양이가 주인이 자신에게 말하는 것과 다른 사람에게 말하는 것을 구분할 수 있다는 사실도 연구를 통해 밝혀졌다.[56]

음성을 통한 커뮤니케이션이 가능하다는 것은 생존에 있어 매우 중요한 요소다. 인간은 위험이나 위협에 대한 복잡한 정보를 신속하게 음성으로 전달할 수 있기 때문에 다른 종들보다 생존에 유리한 위치에 있다. 위급한 상황에서 자신의 위험을 즉각적으로 알릴 수 있는 음성을 사용할 수 없다는 것은 생존 가능성을 크게 낮추는 요인이 된다. 그렇다면, 다양한 소리를 낼 수 있는 인간이나 동물과 달리 식물의 경우는 어떨까?

우리는 식물이 소통하는 모습은 직접 볼 수도 없고 그 소리를 들을 수도 없지만, 식물 또한 커뮤니케이션 능력이 있으며 서로 신호를 주고받는다. 식물은 외부 환경으로부터 스트레스를 받거나, 수분이 부족하거나, 손상을 입었을 때 화학적 신호를 보내는 것으로 알려져 있다. 최근 인공지능 머신러닝 분석을 통해 그러한 식물의 대화 메커니즘이 밝혀지고 있다. 식물은 매우 미세한 초음파 소리를 내는데, 인공지능은 다양한 환경 조건에서 이런 소리의 패턴을 분석해 식물의 커뮤니케이션 방식을 규명하는 데 도움을 주고 있다.

그동안은 식물의 상태를 판단하는 데 있어서 잎이 시들거나 비정상적인 색으로 변하는 등 시각적 정보를 모니터링하는 방식이 일반적이었다. 그러나 이런 모니터링의 한계는 이미 피해가 발생한 후에야 대응하는 사후 조치만 가능했다는 점이다. 그런데 현재는 농업 및 환경 분야 종사자들이 식물이 경험하는 수분 부족, 병충해, 영양 결핍 등의 스트레스가 겉으로 드러나기 전에 선제적으로 보호조치를 취할 수 있게 되었다. 식물이 내는 소리를 실시간으로 확인할 수 있게 돼 보다 정밀하고 효율적인 농법이 가능해졌고, 식물에 대한 필요한 조치를 언제 취해야 하는지, 그리고 어떤 지점에서 개입이 필요한지를 정확하게 파악할 수 있게 된 것이다.[57]

식물은 소리뿐만 아니라 화학물질을 발산하여 서로 소통

하기도 한다. 예를 들어, 신선한 채소를 칼로 썰 때 수풀에서 맡을 수 있는 상쾌한 풀 내음은 식물이 방출하는 휘발성 화합물에서 나오는 것이다. 식물은 이러한 화학물질을 이용해 주변의 다른 식물에게 자신을 해칠 수 있는 동물이나 인간이 가까이 있음을 경고한다. 또한, 숲속 식물들은 뿌리를 통해 전기적 신호를 주고받으며 소통할 수 있고, 지하에 서식하는 곰팡이나 토양 속 세균 역시 커뮤니케이션 능력을 갖추고 있다.

　더욱 놀라운 점은 인간이 사용하는 인터넷 네트워크와 유사한 방식으로 식물이 소통한다는 사실이다. 이른바 '우드 와이드 웹Wood Wide Web'이라 불리는 땅속 균류의 망網을 활용해 서로 커뮤니케이션한다. 이 균류 간의 네트워크는 수많은 나무와 식물을 연결하며, 이를 통해 식물들은 수분과 영양에 대한 다양한 정보를 공유하고 교환하면서 서로의 생존을 돕는다. 오래된 나무가 새롭게 자라는 어린나무의 성장을 돕거나, 해충의 존재를 서로에게 경고하기도 한다. 즉, 식물은 이 균류 네트워크를 통해 서로의 의사결정을 지원하고, 환경 변화에 대비할 수 있도록 스스로와 다른 식물을 준비시킨다. 그런데 인간의 자연 훼손이나 도시 개발로 인해 이러한 네트워크가 끊기면 수분이나 영양과 관련된 정보를 서로 교환할 수 없게 되어 식물의 생존은 심각하게 위협받는다.[58]

인공지능 발전으로 현대 농법은 더 정밀해졌고, 이제 인간이 식물의 전기적 신호에 의도적으로 개입해 식물의 활동이나 성장에 영향을 줄 수 있는 단계에 이르렀다. 향후 이러한 연구가 더욱 발전해 식물이나 동물 언어 번역기가 개발된다면 인간은 동식물들의 대화를 실시간으로 통역해 들을 수 있게 될지도 모른다. 식물과 동물이 언제 행복해하고 언제 힘들거나 괴로워하는지 더 쉽게 파악할 수 있게 되면, 멸종 위기에 처한 생명체를 보호하는 것은 물론이고 가뭄, 인간의 활동, 토양 훼손, 기후변화 등 다양한 위협에 노출된 지구 생태계에 대해 데이터 기반의 환경 정책을 펼칠 수 있을 것이다. 결과적으로, 식물과 동물의 커뮤니케이션을 이해할 수 있도록 돕는 인공지능의 분석 능력은 생태계와 자연을 보존·보호하기 위한 실증적인 증거 기반 정책을 추진하는 데도 기여할 수 있다.

당신의 행위를 기획하는 뇌 조종

평화의 상징인 비둘기가 전쟁 무기로 이용될 뻔한 역사적 일화가 있다. 현대 뇌과학이 발전하기 훨씬 이전인 제2차 세계대전 중 미국의 저명한 심리학자 B.F. 스키너는 미군에게 혁신적인 제안을 했다. 바로 '비둘기 프로젝트Project Pigeon'라 불리는 이 계획은 미사일 내부에 비둘기를 탑재하여 이들이 미사일을 직접 조종하도록 하는 것이었다. 스키너의 아이디어는 비둘기의 자연스러운 행동 패턴을 이용하는 것이었다. 비둘기가 먹이를 쪼는 행위를 목표물을 향한 미사일 유도 메커니즘으로 활용하려고 했다. 그러나 이 기발한 계획에는 중대한 결함이 있었다. 배가 부르면 비둘기는 더 이상 먹이를 쪼는 행위를 지속할 동기가 없다는 기본적인 사실을 간과한 것이다. 결국, 이 프로젝트는 실제 전장에서 작전으로 이어지지 못했고, 황당무계했던 군사 계획으로 역사에 남게 되었다.

현대 과학자들이 비둘기 프로젝트와 유사한 계획을 추진한다면, 비둘기의 배고픔보다는 비둘기의 뇌를 직접 조종하는 방향으로 발전했을 것이다. 최근 국내 연구진은 쥐의 뇌를 조종하여 쥐의 모성 본능을 높이거나 식욕을 억제하는 기술을 선보였다. 연구진이 임신하지 않은 암컷 쥐의 모성 행위와 관련된 뇌 부위에 자성을 가진 나노물질을 삽입하고 자기장을 통해 해당 부위를 활성화했더니, 놀랍게도 이 암컷 쥐들은 자기 새끼가 아닌 어린 쥐들을 자기 둥지로 데려와 돌보기 시작했다. 연구진은 또한 쥐들의 포만 억제와 관련된 뇌 부위를 자극하여 쥐들이 식욕을 잃게 하는 데에도 성공했다.[59]

인간에게도 이런 비슷한 실험이 가능할까? 뇌와 기계를 연결하는 BMI/BCI 기술은 이미 뇌 조종이 가능한 수준에 접어들었다. 이 기술은 단순한 실험실 연구를 넘어 우리의 뇌 활동에 영향을 미칠 수 있는 상용 제품으로까지 발전하고 있다. '솜니SOMNEE'라는 미국 회사는 수면의 질을 높이기 위해 수면 직전 15분간 머리에 착용할 수 있는 밴드를 개발했다. 이 밴드는 '신경 자극'을 이용한 수면 유도 기술을 활용한다.

밴드가 발생시키는 신호를 인간의 뇌가 흉내 내도록 유도하는 방식이다. 이 시스템은 이틀에서 일주일 정도 사용자의 수면 중 뇌파를 관찰, 기록, 분석한다. 이렇게 수집된 데이터를 바탕으로 사용자에게 최적화된 수면 모델을 구축하여 직접 사용자에게 적용하는 방식이다. 솜니 밴드는 사용자가 빠르게 수면 상태에 진입하도록 돕고, 중간에 깨거나 뒤척이는 일 없이 깊은 수면을 유지하도록 뇌에 적절한 자극을 준다.[60]

애플, 메타, 오픈AI와 같은 빅테크 기업들도 최근 BMI 기술 분야에 뛰어들어 다양한 상품을 출시하고 있다. 이러한 움직임은 뇌 기술의 상용화가 활발히 진행되고 있음을 보여준다. 인간의 뇌파는 일종의 암호화된 신호로 볼 수 있다. 특정 단어를 말할 때, 불안감을 느낄 때, 중독 상태에 있을 때, 또는 알츠하이머병과 같은 질병이 있을 때 뇌에서 발신되는 신호 정보를 분석할 수 있다. 이러한 분석을 통해 특정 감정이나 정신 상태와 연결된 뇌 부위에 신경 자극을 제공함으로써 감정적 또는 정신적 문제를 완화하거나 해결할 수 있다. 이런 디바이스를 사용하면 뇌 건강에 문제가 있는지를 인지하거나 이상 징후를 발견할 수도 있다.

그런데 빅테크 기업의 각종 BMI 디바이스를 구매한 사용자들은 사용 과정에서 가장 민감한 개인정보인 자신의 뇌 정보를 자발적으로 해당 기업에 제공하게 된다. 개인 뇌 정보를 제공하는 것은 단순한 데이터 공유 차원을 넘는다. 만약 감정과 의사결정에 직접적인 영향을 끼치는 뇌파 정보가 국가나 기업의 손에 들어간다면, 이 정보가 그들의 이익을 위해 악용될 수도 있음을 간과해서는 안 된다. 수집된 뇌파 정보가 다시 사용자의 감정이나 생각을 변화시키거나, 심지어 기억을 조작하는 데 이용될 수도 있기 때문이다.

뇌파 정보는 특정 개인을 식별하는 데에도 사용될 수 있으므로 이러한 정보를 악용하여 개인을 위험에 빠뜨리는 의도적인 범죄도 가능해진다. 예를 들어, 수면을 돕기 위한 디바이스가 해킹되어 사용자가 수면 중에 심장발작과 같은 위험한 상황에 놓일 수도 있다. 뇌파를 통해 기계를 조종하는 기술이 범죄자의 손에 들어간다면 더 심각한 상황이 발생할 수도 있다.

우리가 기분이 좋을 때, 혹은 무엇인가를 두려워할 때 발생하는 뇌파 정보가 적의 손에 들어간다고 상상해 보자. 적은 우리가 좋아하거나 싫어하는 것을 이용하여 뇌파를 조종하고 특정 행동을 유도할 수 있다. 적은 우리에게 물리적 위협을 가하지 않고 뇌파를 직접 공격하는 형태의 새로운 위협을 구사할 수 있다. 만약 뇌질환을 앓고 있거나 범죄 이력이 있는 사람이라면 이러한 뇌 공격에 더 취약해질 것이다. 갑자기 오래전 끊었던 빵과 과자, 술과 담배뿐 아니라 마약 투약이나 절도의 충동을 느끼거나, 칼이나 총기를 구매하여 누군가를 해치려는 충동을 일으킬 수도 있다. 뇌가 특정 행동을 하도록 아주 정밀하게 설계된 상황에 놓이게 만들 수도 있다. 전장에서 싸워야 하는 군인이 무기력이나 우울증에 빠지거나, 갑자기 사귀던 애인에게 이별을 통보하게 되거나, 정체를 알 수 없는 그 누군가를 연인으로 사귀게 되거나, 중요한 회의에서 발표를 앞두고 공황발작을 경험하는 등 영화 속에서나 일어날 법한 부조리한 세계가 현실이 되는 시대가 올지 모른다.

이런 배경 속에서 최근 미국 신경권리재단Neurorights Foundation은 개인의 뇌 정보와 관련해 중대한 문제를 제기했다. 그리고 이는 DNA 정보처럼 개인의 뇌 정보를 이용해 개인을 특정하는 것을 방지하고 기업이 개인의 뇌 정보에 함부로 접근하거나 판매하는 것을 막는 법안이 미국 콜로라도주에서 통과되는 데에 기여했다.[61] 캘리포니아주와 미네소타주도 유사한 법안의 도입을 고심하고 있다. 하지만 이러한 법 제정은 문제를 해결하는 데에 있어서 명백한 한계가 있다. 한 국가나 주에서 개인의 뇌 정보를 보호하는 법이 시행된다고 하더라도 다른 국가나 지역에서는 적용되지 않을 수 있기 때문이다. 또한, 뇌파 정보로 개인을 특정하지 않는다고 해도 뇌를 공격하는 또 다른 무기를 개발하는 데 얼마든지 악용될 수 있다.

개인의 뇌파 프라이버시는 이제 '신경 프라이버시neuro-privacy'라는 새로운 용어로 논의되고 있다. DNA 정보는 인간의 마음을 읽는 데에는 유용하지 않지만, 뇌 정보는 아마 현대 인류가 획득할 수 있는 개인에 대한 가장 은밀하고 위험한 정보가 될 가능성이 크다.

기억을 제거하는 법, 두려움을 제거하는 법

인간의 뇌는 반복적으로 학습한 주요 정보를 전두엽과 해마에 저장한다. 뇌의 측두엽에 위치한 두 개의 해마hippocampus는 실제로 단기 기억이나 장기기억에 관여한다. 배외측전전두엽피질dorsolateral prefrontal cortex과 배내측전전두엽피질dorsomedial prefrontal cortex, 전측 뇌섬엽anterior insula 등의 영역은 '활성화된 기억'에 관여한다. 이 영역들은 인간의 의사결정, 문제해결력, 그리고 감정과 이성이 조화를 이루어 대상을 판단하는 과정을 담당한다.

하지만 마약을 반복적으로 투약하는 사람은 뇌 손상이나 뇌 질환이 없더라도 기억력 감퇴 증상을 경험할 수 있다. 미국 콜로라도대학교의 한 연구진은 장기간 대마를 피운 사람들이 논리적 사고, 감정처리, 언어 구사에는 큰 문제를 보이지 않지만, 기억력과 관련해서는 현저한 문제를 겪는다는 사실을 발견했다. 대마 과다 사용자의 63%가 기억 소실 문제를 겪고 있고, 대마를 끊더라도 기억 관련 인지능력이 쉽게 회복되지 않았다는 것이다. 충격적인 것은 단기간 대마를 피운 사람도 즉각적인 인지력 저하를 경험했고, 장기 사용자가 갑자기 투약을 중단할 경우, 금단 현상에 의한 심각한 인지 기능 저하가 발생할 수 있다는 점이다.[62]

일반적으로 대마를 투약하면 행복감을 느끼고 감각이 예민해져 쾌감이 극대화되는 등 환각과 흥분을 높이는 효과가 있다고 알려져 있다. 대마는 또한 뇌전증 등 뇌 질환에 의한 발작을 줄이거나 멎게 하는 효과가 있어 의료용으로도 사용되는데, 인지능력, 특히 기억 소실의 문제는 피할 수 없다는 얘기다.

그런데 마약류 복용이나 투약에 따른 원치 않는 기억 소실이 아니라면, 사람들은 대체로 기억 소실보다 기억이 나는 것 때문에 괴로워하는 경우가 더 많다. 잊힌 기억으로 고통받는 이들이 있다면 그들은 기억을 잃은 사람이 아니라 치매에 걸린 부모를 돌보는 자식처럼 '잊힌 대상'이 된 사람들이다.

사람들이 기억 때문에 트라우마를 겪는 이유는 잊고 싶은 기억이 자꾸 떠오르기 때문이다. 폭력을 당한 경험, 공포에 휩싸였던 순간, 믿었던 친구에게 배신당한 일, 누군가에게 모욕당하거나 많은 사람 앞에서 치욕을 겪었던 일 등 부정적인 기억은 아무리 잊으려 해도 잊히지 않는다.

전신마비 환자가 뇌파로 기계도 조종할 수 있는 시대가 왔는데, 그렇다면 특정 기억을 뇌에서 삭제하는 일도 가능하지 않을까?

우리 뇌의 기억 활동에 개입하는 기술에는 두 가지가 있다. 빛을 사용하여 특정 뉴런의 활동을 정밀하게 제어할 수 있는 기술이 개발되었는데, 이를 '옵토제네틱스optogenetics'라고 부른다. 이는 특정 기억을 과도하게 활성화시키는 뉴런을 찾아내 빛으로 그 특정 뉴런을 제어하고 비활성화시키는 방법이다. 뇌의 기억을 삭제하는 또 다른 방법은 '선택적 기억삭제'인데, 고주파로 기억을 형성하는 뇌의 특정 부위에 전기적 자극을 주어 그 부위의 활동에 변화를 유발해 활동을 조절하는 방법이다. 그런데 인간의 기억은 서로 다른 여러 기억이 복잡하게 연결되어 있어서 하나의 기억을 제거할 때 그 사람의 다른 기억에 끼칠 영향을 고려해야 한다. 선택적 기억삭제는 사실상 '기억 조작'의 성격을 갖는 것이다.

예를 들어, 당신이 어떤 이성과 사귀다가 그로부터 정서적으로 학대를 받아 이별했다고 가정해보자. 이러한 정서적 학대는 당신에게 일종의 트라우마를 남겨 향후 다른 이성과의 연애에도 부정적인 영향을 끼칠 수 있다. 연애 자체를 두려워하거나 피하려는 마음이 생길 수도 있다. 만약 정서적 학대를 받은 기억을 선택적으로 삭제해 당신이 더 이상 그 나쁜 일을 기억할 수 없게 되었다고 치자. 이런 경우, 당신의 향후 연애에는 오히려 더 큰 문제가 생길 수 있다. 이전과 비슷한 성향의 이성을 다시 만나 비슷한 종류의 경험을 반복할 가능성이 있기 때문이다. 아픈 기억은 트라우마를 가져왔지만, 그 트라우마는 어쩌면 당신을 나쁜 사람으로부터 지켜주는 방패 역할을 할 수도 있다.

최근 KAIST의 생명공학 연구진은 충격적인 경험 때문에 발생하는 외상후스트레스증후군PTSD을 극복하기 위해 특정 기억을 제거하는 실험에 성공했다. 연구진은 뇌에서 기억을 형성하거나 소멸하는 데에 영향을 미치는 역할이 세포 내 특정 단백질(PLCβ1)과 관련되어 있다는 사실을 발견한 것이다. 이 특정 단백질이 부족한 쥐는 전기충격의 경험을 과도하게 기억하며 공포를 느꼈으나, 이 단백질이 많았거나 광유전학으로 이를 활성화할 경우, 과도하게 나타났던 공포반응은 억제되었다.

그런가 하면 가상현실 치료법인 'VR 요법virtual reality therapy'으로 광장공포증, 대인공포증, 강박장애와 같은 다양한 심리적 장애를 치료하는 프로그램이 최근 활발하게 개발되고 있다. 특정 환경이나 상황을 가상현실로 구현해내는 VR 요법인 '게임체인지'는 심리치료에도 활용된다. 영국의 국민보건서비스재단NHS Foundation Trust은 광장공포증 치료를 목적으로 환자들이 외부의 다양한 환경을 가상현실에서 경험하며 익숙해지게 만드는 실험을 진행했다. 그 결과, 광장공포증 증상이 가장 심각한 환자들에게서 특히 긍정적인 효과가 나타났다.[63]

뇌 해킹 대회, 48시간의 두뇌 격전

우리나라의 사이버 보안·안보 분야에서는 다양한 기업과 정부 기관이 학생과 프로그래머들을 모집해 서로 다른 해킹 기술을 선보이며 경쟁하는 대회를 무수히 개최해왔다. '해킹hacking'과 '마라톤marathon'을 결합해 만든 '해커톤hackathon'은 '해크페스트hackfest', '해크데이hack day', '데이터톤datathon', '코드페스트codefest' 등 다양한 이름으로 열리고 있다.

보통 이틀 정도의 짧은 시간 동안 진행되며, 참가자들은 강도 높은 토론과 브레인스토밍을 거쳐 프로젝트 개념을 구체화하고 모델을 설계한 후 코딩을 시작한다. 참가자들은 완성된 컴퓨터 프로그램을 발표하는 단계까지 마쳐야 하기에 이틀

동안 최소한의 수면만 취한 채 숨 가쁘게 미션을 완수한다.

이러한 해커톤 대회는 주로 디지털 플랫폼 및 인공지능 기술 개발과 관련된 기업과 단체의 후원을 받아 진행되며, 대부분 학생으로 구성된 다수의 팀이 경쟁을 펼친다. 특히, 거액의 상금이 걸려 있고 뛰어난 인재들은 대회 후 스카우트될 가능성도 커서 참가자의 열기가 뜨겁고 행사가 성황리에 마무리되는 경우가 많다.

그런가 하면 최근 미국과 유럽의 뇌과학계에서도 2016년을 전후로 '뇌를 해킹한다'라는 컨셉의 해커톤을 매년 개최하고 있다. '브레인해크BrainHack'라는 단체의 경우, 데이터 과학과 뇌과학 분야의 전 세계 전문가들이 혁신적인 프로젝트 추진과 학문적인 교류를 하도록 워크숍과 콘퍼런스 등 다양한 행사를 개최해오고 있다. 미국 캘리포니아대학교 버클리가 주최하는 'Cal Hacks'의 경우 무려 20여 개 국가, 200여 개 대학, 1,500명의 해커가 참여하는 대규모의 대회다. 기본적으로 사이버 보안 및 기술 개발을 중심으로 진행되지만, 뇌과학 분야 전문가와 학생들도 참여해 뇌를 주제로 한 다양한 프로젝트를 선보이기도 한다.

2024년 Cal Hacks 대회에서 최고상을 받은 학생들은 'Emotiv'라는 회사가 제공한 뇌파 기록 기술을 이용해 자신들의 기분에 따라 변화하는 뇌파를 음악으로 바꾸는 프로젝트를 선보였다. 감정에 따른 뇌파 변화를 머신러닝을 통해 학습시켜 분석하고 그 결과를 코딩하여 음악으로 변환시킨 것이다. 학생들의 비디오 게임 제작 기술과 BCI 관련 지식이 이러한 혁신적 프로젝트를 탄생시킨 배경이다.[64]

뇌과학 분야에서 이처럼 국제적 학술교류가 활발하게 이루어지는 이유는 Cal Hacks에서 최고상을 받은 학생들의 팀워크에서 볼 수 있듯이, 다양한 분야의 지식과 기술이 뇌과학 연구 발전에 필수적이기 때문이다. 특히 뇌과학 연구는 방대한 뇌 관련 데이터가 전제되어야 하고, 이를 효과적으로 연구하고 아이디어를 구현하기 위해서는 고도의 분석 기법과 인공지능 기술이 반드시 수반되어야 한다.

이런 까닭에 캐나다의 뇌과학자들은 '브레인 캐나다Brain Canada' 재단과 협력하여 뇌과학 연구를 위한 플랫폼인 '캐나다 뇌과학 오픈 플랫폼Canadian Open Neuroscience Platform, CONP'을 구축하고, 전 세계 뇌과학자들과의 협업을 적극적으로 추진하고 있다. 특히 CONP는 '글로벌 브레인해크BrainHack Global'의 주요 의제를 주도하며 '개방 과학'을 강조한다. 앞서 언급했듯이 뇌와 관련된 대규모 데이터를 단일 기관이 독자적으로 확보하는 데에 한계가 있기 때문이다. 데이터, 소프트웨어,

연구방법론 등을 오픈 플랫폼에서 공유하고 협업함으로써 연구자들은 더 정교한 분석 결과를 도출할 수 있고 더 획기적인 연구 성과를 창출할 수 있다. CONP는 또한 뇌과학자들의 플랫폼을 만드는 데서 더 나아가 학생들이 양질의 뇌과학 교육을 집중적으로 받을 수 있도록 'BrainHack School'이라는 프로그램을 운영하고 있다. 이 프로그램은 심리학, 뇌과학, 신경학, 전자공학, 컴퓨터공학, 소프트웨어공학, 신경정보과학 등과 관련된 심화 교육을 제공한다. 4주에 걸친 일종의 신병 훈련, 즉 '부트캠프boot-camp' 형식의 집중 과정으로 운영되므로 참여 학생들은 단기간에 방대한 지식과 기술을 효율적으로 습득할 수 있다.

해커톤 행사에서 각 팀이 발표하는 프로젝트는 의료 및 산업 현장에서 즉시 상품화되거나 서비스로 구현할 수 있을 만큼 혁신적이고 실용적인 경우가 많다. 의료계와 산업계는 이러한 행사에서 단 며칠 만에 뛰어난 인재를 발굴할 수 있다. 참가자들은 또한 자신의 연구 역량을 효과적으로 홍보하는 동시에 학계나 산업계와의 네트워크를 확장하고 연구 인맥을 구축할 기회를 얻는다. 이처럼 뇌 해킹 대회는 협업과 경쟁이 선순환하며, 궁극적으로 뇌과학 연구와 뇌치료 기술 발전을 고도화하는 데에 효과적인 전략이라고 할 수 있다.

4

싸움 없이 몰래 이기는 전쟁:
허위조작정보와 내러티브 전략[65]

다른 나라 사람들에게 잘 보이고 싶은 국가?

국가 지도자는 전쟁을 치러야 할 때 자국 시민에게 참전 이유를 명확히 설명하고, 전쟁 수행에 필요한 예산과 징병의 필요성을 설득해야 한다. 아무리 정밀 타격이 가능한 첨단 무기를 동원한 해외 전쟁이라고 하더라도 자국 군인의 희생을 각오해야 하며, 막대한 국가 예산이 소요되기 때문에 반드시 국가적 '명분'이 필요하다.

인터넷이 출현하기 이전, 전쟁 명분을 설파하기 위한 설득 도구는 TV, 라디오, 신문과 같은 매스미디어였다. 국가는 국내뿐만 아니라 국제사회에도 자국의 참전 이유와 명분을 납득시켜야 하므로 전쟁이 이어지는 동안 국가의 프로파간다 활동은 급증할 수밖에 없다. 자유주의와 공산주의의 상반된 두 이념이 전쟁 없이 대결을 펼쳤던 냉전기Cold War 동안 전 세계는 경쟁 진영의 일반 대중에게 자기 진영 정치체제의 우월성을 과시하기 위해 보이지 않는 전쟁을 치렀다.

냉전이 종식되고 국가 간 이념 대결의 필요가 약해진 탈냉전기post-Cold War에 이르자 세계 각국은 더 이상 정치체제와 이념을 내세운 프로파간다 활동에 주력할 이유가 없었다. '프로파간다'라는 단어 자체를 회피하면서 대신 '공공외교public diplomacy'를 펼치기 시작했다. 공공외교는 자국을 우호적으로 인식하는 타국 정부와 타국 여론이 자국이 추구하는 다양한 외교정책에 대해 자발적으로 호응하거나 적어도 반대하지 않는 것을 목표로 삼는다. 공공외교가 우리가 알고 있는 일반적인 전통 외교와 구별되는 점은 외교의 대상이 상대국 정부가 아니라 다른 국가의 일반 대중이라는 것이다. 타국 시민들이 자국을 좋아하게 만들어서 자국이 추구하는 외교정책을 포함한 다양한 정책에 타국 정부의 호응이나 지지를 얻기 쉬운 여론 환경을 조성하는 것이 공공외교의 궁극적인 목적이다.

이런 까닭에 문화, 예술, 음식, 상품, 관광, 시민의 친절함, 다양한 정책 등 국가가 가진 여러 가지 소프트파워soft power는 국가가 가진 '매력'을 발휘하는 토대가 된다. 가령, 강대국인 A국은 군사력이나 경제력과 같은 하드파워hard power로 B국을 압박해 A국이 원하는 대로 행동하게 할 수 있지만, B국의 사람들은 A국을 대단히 싫어하게 될 것이다. 쉽게 말해, 공공외교는 군사력과 같은 물리력이 아닌 '매력을 발산하는 힘', 즉 자기 나라의 좋은 평판과 이미지로 다른 나라 사람들의 마음을 얻으려는 국가 전략이다.

공공외교의 대상이 다른 나라 사람들이라는 것은 곧 공공외교를 전개하는 국가가 세계여론을 자국 외교정책에 영향을 미치는 변수로 인식한다는 것을 말해주는 대목이다. 자국에 유리하게 형성된 세계여론을 통해 자국의 세계적 영향력을 증대시켜 국익을 도모하는 것이 공공외교의 최종 목적이라고 할 수 있다.

그런데 그게 쉬운 일일까? 절대 그렇지 않다. 자기 나라의 국민에게 사랑받는 정부도 많지 않은데, 타국 사람들의 호감을 어떻게 얻을 수 있을까? 굉장히 오랫동안 큰 공을 들여야 하고, 그 효과가 보장되지도 않는다. 이상하지 않은가? 어떤 국가가 자국의 외교정책을 추구하는 데 있어서 다른 국가의 대중을 왜 신경 쓰는 것일까?

어떤 존재가 자신에 대해 갖는 다른 존재의 생각과 의견에 신경을 쓴다는 것은 이 두 존재 간 관계가 일회성으로 끝나지 않기 때문이다. 우리는 한 번 만나고 다시는 보지 않을 상대에게는 자신의 이미지가 어떻게 보일지를 깊이 생각하지 않는다. 하지만 그 상대와의 관계가 반복 또는 지속될 것으로 예상하거나, 그 상대가 내게 어떤 영향력을 미칠 여지가 조금이라도 있다고 판단하면, 자신의 이미지를 관리할 필요를 느낀다.

앞서 살펴보았듯이, 남녀 간 첫 번째 데이트가 두 번째 데이트로 이어지기 위해서는 남자의 친절한 태도가 결정적인 변수다. 반대로 생각해보면 '만약 남자가 두 번째 데이트를 원하지 않는다면, 친절한 태도를 여자에게 보여줄 필요가 없다'라는 말이 된다. '두 번째 데이트'라는 목적이 있을 때 남자가 친절한 태도를 보일 가능성이 커진다. 신사다운 친절함이 몸에 밴 남자라면 여자가 착각할 수도 있다. 하지만 남자와 한 번도 사귀어보지 못한 여자가 아닌 한, 여자는 훈련된 정중함과 의도된 친절함을 본능적으로 구분할 수 있다.

이러한 기본 태도는 국가 간에도 적용해볼 수 있다. 그런데 국가 간 관계는 굉장히 특수하다. 국가는 죽지 않는다. 국가 자체가 없어지는 일은 극히 드물며, 설령 매일매일 전쟁이 있어도 국가가 완전히 사라지는 경우는 거의 없다. 국가는 다른 국가와 우호적인 관계에 놓이든 적대적인 관계에 놓이든 그 관계가 이어진다. 그렇기에 적대관계에 있는 국가와의 외교도 끊임없이 계속될 수밖에 없다. 국가는 죽지 않기 때문에 반복게임 속에 놓이게 된다는 뜻이다.

아마도 국가 간 관계의 본질을 가장 잘 표현하는 말이 "어제의 적이 오늘의 친구가 된다"일 것이다. 심지어 동맹이 될 정도로 완전한 우호 관계가 될 가능성이 조금도 없는 국가 사이라도 국가는 계속 외교를 이어가기 때문에 경쟁국이나 적국의 대중에 대해서도 공공외교를 전개한다. 예술, 스포츠, 관광과 같은 차원의 인적 교류는 정부 차원의 국가 간 관계가 어그러졌을 때도 관계를 지속할 수 있게 만드는 통로다.

그러나 최근 10년간 미국과 중국 간의 경쟁이 전방위로 확장되고, 미국을 중심으로 한 민주주의 진영과 중국·러시아를 중심으로 한 권위주의 진영 간 갈등이 심화되면서 공공외교의 지형에도 큰 변화가 생겼다. 상대 국가의 대중을 상대로 한 공공외교나 인적 교류조차도 관계를 이어가는 순수한 수단으로 여겨지지 않게 된 것이다.

중국은 전 세계에 설립된 공자학원孔子學院을 통해 중국 역사와 문화를 알리려고 애쓰는데, 이러한 교육 활동도 중국 정부가 주장하는 담론을 학습하게 하여 중국의 외교정책이나 군사정책을 받아들이게 만들려는 영향공작influence operations 으로 여겨지고 있다. 즉 중국의 공공외교는 국가 프로파간다 활동으로 인식돼 경계의 대상이 되고 있다. 특히 서방에서는 공자학원이 중국 공산당 선전부 관할에 있으며 첩보활동까지 수행하는 비밀정보기관으로 의심받으면서 미국과 유럽에서 퇴출당하고 있는 실정이다.

나빠진 국가평판은 자국 시민을 위태롭게 한다

    2024년 11월 7일, 네덜란드 수도 암스테르담에서 열린 유로파리그UEL 경기에서 네덜란드 팀 AFC 아약스가 이스라엘 팀 마카비 텔아비브를 5대 0으로 이겼다. 그러나 경기 중 현지 아랍 이민자 출신으로 보이는 팬들과 이스라엘 원정 팬들 간에 시비가 붙었다. 이스라엘 팬들이 이스라엘 국기를 펼치자 아랍 팬들도 팔레스타인 국기를 꺼내 들며 상대방 국기를 빼앗으려는 몸싸움이 벌어졌다. 경기 후, 거리에서는 이스라엘 팬들에 대한 집단 폭행이 시작되었다. 복면을 쓰고 오토바이를 탄 괴한들이 이스라엘 팬들을 구타하기 시작했고, 폭죽을 터뜨리며 인도로 돌진하는 차량도 있었다. 이들은 "팔레스타인에 자유를"이라는 구호를 외쳤고 마카비 팬들은 반아랍 구호를 외쳤다. 이스라엘 축구팬에 대한 폭력으로 5명의 이스라엘 시민이 부상으로 입원하고 폭력 행위에 가담한 62명이 체포되었다. 이스라엘 정부는 긴급 전세기를 네덜란드로 보내 자국민을 곧바로 이스라엘로 이송했다.

2023년 10월에 시작된 이스라엘-하마스 전쟁 이후 이스라엘과 팔레스타인 간 갈등이 깊어지고 이스라엘에 대한 국제여론이 악화된 상황에서 발생한 이 사태는 특정 국가에 대한 반감이 그 나라 시민들에 대한 폭력으로 이어진 사례다. 유럽연합EU은 이스라엘-하마스 전쟁 이후 유럽에서 반유대주의적 행동이 다섯 배 이상 증가했다고 밝히기도 했다.

이스라엘뿐만 아니라 특정 국가와 관련된 인종·민족·종교·문화에 대한 반감이 폭력으로 이어지는 사례는 전 세계적으로 끊임없이 발생하고 있다. 국가 간 관계가 이토록 적대적이면 예술이나 스포츠 교류를 통한 공공외교로 이러한 적대 관계를 해소하는 데는 한계가 있다. 특히 역사 왜곡 문제가 결부되면 관련된 국가 간의 관계는 더 나빠지고, 문화적 요소가 오히려 양국 대중 간 관계를 더 악화시키는 요인이 되기도 한다.

탈냉전 이후, 세계 유일 패권국으로 자리 잡은 초강대국 미국은 어떨까? 미국은 압도적인 군사력과 경제력, 즉 하드파워를 바탕으로 자국이 선호하는 외교정책을 일방적으로 추진할 수 있는 국가다. 그러나 동시에 전 세계에서 가장 먼저 그리고 가장 많은 예산을 투입해 공공외교를 전개해온 나라도 미국이다. 한편 미국만큼이나 자국의 역사, 문화, 국내외 정책을 다양한 교육 프로그램과 미디어 네트워크를 통해 적극적으로 홍보하고 세계여론에 민감하게 반응하는 국가는 중국이다. 그렇다면 왜 초강대국 미국과 패권에 도전하는 중국은 공공외교를 통해 세계여론을 관리하는 데에 그렇게 많은 노력을 기울이고 있는 걸까?

미국이 본격적으로 공공외교에 나서게 된 계기는 자국에서 발생한 대규모의 테러 사건으로 인한 충격이었다. 반면, 중국은 자국에서 벌어진 일을 무마하기 위한 의도로 공공외교에 눈을 돌리게 되었다.

냉전 종식 이후, 자유주의의 영구적인 승리를 선언한 프랜시스 후쿠야마Francis Fukuyama의 1992년 저서 『역사의 종언』은 탈냉전기 미국 중심의 단극체제에 의한 세계평화를 약속하는 듯했다. 탈냉전기 첫 번째 미국 정부였던 클린턴 행정부는 더 이상 세계적인 체제 경쟁과 이념 경쟁에 얽매일 필요가 없었다. 따라서 클린턴 행정부는 기존의 공공외교 활동을 축소하고, 1999년 미국정보국을 국무부 산하 '공공외교·공보 차관Under Secretary for Public Diplomacy and Public Affairs' 조직에 편입 시켰다. 그러나 공공외교 활동을 전면적으로 축소한 지 얼마 지나지 않아 미국은 2001년 9·11 테러라는 충격적인 사건 을 겪었다. 이 사건은 미국의 외교·군사 정책 방향을 근본적 으로 변화시킬 만큼 중요한 역사적 분기점이 되었다.

테러범들을 제외하고 총 2,977명의 희생자가 발생한 9·11 테러는 77개국 출신의 사람들이 미국 본토에서 목숨 을 잃은 참사였다. 이 사건 이후, 미국인들이 던진 질문은 "왜 우리는 미움을 받는가?"였다. 미국은 이슬람권 테러리스트들 이 자국을 공격한 이유를 '미국에 대한 미움'으로 인식했고, 세계 각지에서 확산되는 반미여론이 지닌 잠재적 위험성을 자각하게 되었다. 결국, 충격적인 테러를 경험한 후 미국은 세 계여론을 적극적으로 관리할 필요성을 절감하며 공공외교 활동을 대대적으로 재정비했다.

미국이 자국을 겨냥한 테러의 원인을 '미움'에서 찾은 것 은 어쩌면 세계 유일의 패권국이라는 위치에서 비롯된 논리 일지도 모른다. 폭력은 '경멸'이나 '복수'로 촉발될 수도 있지 만, 냉전의 승자이자 탈냉전기 세계질서를 주도하는 초강대 국 입장에서 다른 국가들이 미국을 경멸하거나 복수하려 한다는 가설은 쉽게 받아들이기 어려웠을 것이다. 결과적으로, 9·11 테러는 미국이 국제사회에서 인기가 떨어지고 미움의 대상이 되는 상황을 국가 안보 차원에서 경계하게 만드는 계기가 되었다.

이렇듯 냉전의 경쟁자가 사라진 지 얼마 지나지 않아, 미국은 자국에 대한 미움이 결국 자국 시민들에 대한 폭력으로 이어질 수 있다는 현실을 직접 경험하게 되었다. 특히, 그 폭력이 미국 본토에서 발생했다는 사실은 사회 전반에 엄청난 충격을 안겨 주었다. 그러나 9·11 테러 발생 당시, 부시 행정부 시기의 국제사회는 이 끔찍한 사건에 대해 깊이 애도하고 슬퍼했음에도 그 슬픔이 미국에 대한 호감으로 이어진 것은 아니었다. 왜 그랬을까?

미국은 본토에서 발생한 테러에 대한 응징의 일환으로 국제사회의 동의 없이 이라크 전쟁을 감행했다. 이라크가 대량살상무기WMD를 보유했는지에 대한 확실한 증거가 부재했지만, 부시 행정부는 보복하듯 전쟁을 강행했다. 초강대국이 군사력을 앞세워 문제를 해결하는 방식은 중동과 아프리카의 이슬람권뿐만 아니라 전 세계적으로 반미감정을 더욱 확산시키는 결과를 초래했다.

2003년 3월, 미국의 이라크 전쟁 개시에 맞서 전 세계적으로 반전시위가 확산되었다. 〈뉴욕타임스〉는 "지구상에 존재하는 두 개의 초강력 세력은 미국과 세계여론"이라고까지 평가했다. 부시 행정부 시절 실시된 수많은 여론조사에서 미국의 국제평판은 역사상 최저 수준에 머물렀다. 당시 미국은 그야말로 '비호감' 국가이자 미움받는 초강대국이었다. 승자의 약점이나 실수는 더 많이 강조되고, 누구보다 혹독한 비판을 받는 법이기는 하다.

인기를 신경 쓰는 존재, 리더

　미국은 언제 다시 세계인의 호감을 회복했을까? 아이러니하게도 미국의 힘이 약화되었던 때였다. 2008년 미국발 금융위기가 시작되면서 국제사회는 미국의 패권이 과연 얼마나 지속될 것인가를 궁금해했다. 바로 그해 출범한 오바마 행정부는 공공외교를 강화하며 미국의 국제적 위상을 회복하는 데 주력했다. 역설적으로 미국의 쇠퇴가 가시화되던 시기에 오히려 세계인의 신뢰와 호감을 되찾은 것이다. 그러나 국제사회가 미국을 다시 긍정적으로 바라보기 시작한 이유는 단지 미국이 약해졌기 때문이 아니다. 미국이 타국을 대하는 태도와 국제 현안을 해결하는 방식이 이전과 달라졌기 때문이었다.

학교에서 자신이 얼마나 많은 친구에게 호감을 얻고 있는지 궁금해하며 인기에 신경을 쓰는 존재는 반에서 조용히 공부만 하는 학생이 아니다. 매일 친구들을 때리고 돈을 빼앗는 폭력적인 학생도 인기에 관심이 없다. 폭력적인 학생들은 친구들에게 존경이 아니라 두려움의 대상이 되길 원한다. 반면, 또래들로부터 어떻게 평가되는지 신경 쓰는 존재는 반장 선거에 출마하려는 학생이다. '리더'가 되려는 학생이 자신의 '평판'에 신경을 쓴다.

국가에도 이 논리는 유사하게 적용된다. 겉보기에는 아쉬운 것 없어 보이는 초강대국 미국이 왜 세계여론에 관심을 기울이며 국제사회로부터 호감을 얻으려 했을까? 미국이 자신이 원하는 세계질서를 유지하기 위해서는 다른 국가들이 그 질서에 동의해야 한다. 그러나 2008년 당시 이전보다 약해진 미국의 하드파워만으로는 이러한 동의를 강제하기에 충분하지 않았다. 다른 국가가 미국과 협력하려면, 그 국가의 대중이 자국 정부와 미국의 외교관계에 반대하지 않아야 했다.

어떤 두 국가 사이에 역사적·문화적 갈등으로 인해 대중여론이 악화할 경우, 양국 간의 군사협력을 급속히 발전시키기는 쉽지 않다. 미국이 국내 여론과 세계여론에 신경을 쓸 수

밖에 없었던 이유는 반테러 정책이나 기후 정책과 같은 미국의 주요 목표를 달성하기 위해서는 다른 국가의 동조가 절대적으로 필요하다고 판단했기 때문이다. 이런 맥락에서 오바마 행정부는 공공외교를 강조했다. 9·11 테러 이후 9년이 지난 2010년 설립한 '반테러 전략커뮤니케이션 센터Center for Strategic Counterterrorism Communi cations'나 '시민파워를 통한 미국의 리더십Leading Through Civilian Power'이라는 제목의 국무부 보고서 등은 모두 변화하는 정보환경에 부응하는 공공외교를 강조했다. 인터넷의 등장이 촉발시킨 정보·커뮤니케이션 혁명으로 전 세계가 연결되고 시민들의 의견도 더 쉽게 표출되기 때문에 정부의 외교정책도 이러한 요구에 부응하는 공공외교를 펼쳐야 한다는 주장이었다. 국가에 대한 세계평판과 국가 호감도는 끊임없이 바뀌는 정보·커뮤니케이션 환경 관리와 직결된다는 것을, 오바마 행정부는 잘 인지하고 있었던 셈이다.

그 결과, 오바마 행정부의 공공외교 전략은 목표한 바를 성공적으로 달성했다. 오바마 행정부 시기, 미국에 대한 세계 여론의 호감도는 절정에 달했다. 다양한 글로벌 여론조사 결과에 따르면, 미국은 국제사회의 신뢰를 회복했고, 세계는 중국보다 미국이 글로벌 리더로서의 역할을 맡기를 원했다. 그러나 이슬람권에서의 미국에 대한 호감도는 부시 행정부 시기와 별 차이가 없었다. 중동지역에서 미국에 대한 반감이 여전히 깊다는 것은 이 지역이 미국의 국가 안보에 지속적인 도전 요인으로 자리해왔음을 의미한다.

　미국이 세계문제에 개입하여 자국의 글로벌 영향력을 유지하려 할 경우, 세계여론의 향배는 중요한 요소로 작용할 것이다. 그러나 반대로 미국이 세계질서에 대한 개입 의지를 상실할 경우, 세계여론을 고려하지 않는 정책을 펼 가능성이 크다. 실제로, 국제규범에서 이탈하고 글로벌 문제해결에 대한 의지를 보이지 않았던 트럼프 행정부 1기는 미국에 대한 비우호적 세계여론을 전혀 개의치 않았다. 트럼프 행정부 2기에서도 이러한 태도가 나타나고 있다.

루저가 반칙을 쓰는 이유,
반칙을 쓰는 권위주의 국가들

탈냉전 이후, 미국이 유일한 패권국으로 자리를 굳히는 동안 러시아와 중국은 정상적인 방식으로는 미국의 하드파워를 따라잡기 어려웠고, 지금도 마찬가지다. 최근 미·중 패권 경쟁이 격화됨에 따라 민주주의 진영과 권위주의 진영 간 갈등도 격화되고 있다. 특히, 미래 패권의 향방을 결정할 인공지능 기술 발전에서 중국이 빠르게 미국을 추격하자, 미국은 반도체와 배터리 분야에서 수출통제와 관세 부과 등 다양한 조치를 통해 압박하고 있다. 반면, 우크라이나와 전쟁을 3년 가까이 이어가는 러시아는 이미 이러한 첨단기술 경쟁에서 낙오된 상태다.

패권 경쟁에서 중국에 자리를 내주고 '패배자loser'로 전락한 러시아는 2014년부터 새로운 형태의 영향력을 추구했고, 서구에서는 이를 '샤프파워sharp power'라고 부르고 있다. 러시아가 경제, 문화, 교육, 학술, 그리고 다양한 인적 교류 전반에서 추구하는 영향력에 왜 '샤프파워'라는 이름이 붙여졌을까?

'샤프파워'라는 용어는 미국의 민주주의재단National Endowment for Democracy이 2017년에 발간한 보고서[66]에 처음 등장했다. 이 보고서는 서구의 소프트파워soft power가 세계 대중의 '마음과 뜻을 얻기 위해winning hearts and minds' '매력 공세charm offensive'를 펼치는 것과 달리, 권위주의 레짐이 추구하는 샤프파워는 '마음과 뜻을 얻는 것에는 관심이 없는forget hearts and minds' 완전히 다른 방식의 영향력에 초점을 둔다고 주장했다.[67]

샤프파워는 개인의 자유 위에 군림하는 국가 권력을 우선시하고, 열린 토론과 독립적 사고를 적대시한다. 이는 국가가 정보분별을 원하는 대로 조종하는 간접적 통제 방식과 다름없다. 민주주의 체제에서 소프트파워가 대중을 이해시키고 설득하며 문화의 매력을 활용해 목표 청중에게 호소하는 것과 달리, 샤프파워는 검열과 정보 조작을 통해 대중의 관심을 다른 곳으로 돌리고 여론을 왜곡시켜서라도 선호하는 국가 정책을 추구한다. 따라서 샤프파워는 공격 대상으로 삼은 타국 사회와 커뮤니케이션 환경을 '뚫고pierce', '침투하고penetrate', '관통하는perforate' 활동을 거리낌 없이 전개한다.[68]

유독 러시아나 중국 같은 권위주의 국가가 샤프파워를 추구하게 된 데에는 탈냉전 이후 유일한 패권국으로 자리 잡은 미국의 하드파워를 정상적 방식으로는 따라잡기 어려워지자 소프트파워 차원에서라도 영향력을 구사해보겠다는 계산이 깔려있다. 그런데 그보다 더 근본적인 이유는 그동안 이들 권위주의 국가들이 소프트파워 강화를 목적으로 전개한 공공외교가 국제사회에서 거의 효과를 발휘하지 못하고 전반적으로 실패했기 때문이다. 결국, 기존 방식으로 영향력을 확대하는 데 한계를 느낀 이들은 전혀 다른 성격의 전략, 즉 샤프파워를 대안으로 인식하게 된 것이다. 무엇이 계기가 되었을까?

국제사회가 자국을 어떻게 인식하는지에 관심이 많고, 우호적인 세계여론이 곧 자국이 주도하는 세계질서의 기반이 된다고 여겼던 미국은 2000년대 초부터 주기적으로 세계여론을 조사해왔다. 갤럽, 퓨리서치센터와 같은 기관을 통해 전세계 대중을 대상으로 여론조사를 수행할 수 있는 국가는 많지 않고, 대다수 국가는 이러한 조사를 필수적이라고 여기지도 않는다. 게다가 전 세계를 조사 대상으로 삼는 여론조사는 높은 정확성과 객관성을 유지하기 위해 막대한 예산을 들여야 한다. 앞서 언급했듯이, 국제적 리더가 되기를 원하는 주체일수록 자국 이미지와 평판 관리에 자원과 에너지를 아끼지 않는다.

미국은 매년 전 세계 대중을 대상으로 여론조사를 하면서 자국과 타국을 비교하는 질문을 자주 던졌다. 예를 들어, "미국이 세계를 이끈다고 생각하는가, 아니면 중국이 이끈다고 생각하는가?", "오바마, 시진핑, 푸틴 중 누구를 신뢰하는가?"와 같은 질문을 반복적으로 던지면서 여론조사 결과를 분석해 그 추이를 추적했다. 도발적인 질문에 대한 세계 대중의 답변은 자연스럽게 관심을 불러일으켰고, 조사 결과가 발표되자마자 미국의 주요 언론들은 이를 단골 기사로 다루곤 했다.

미국의 이러한 세계여론 조사, 일종의 인기투표로 인해 중국, 러시아, 독일, 프랑스와 같은 국가는 의도치 않게 자국에 대해 국제사회가 어떻게 생각하는지 알게 되었다. 결과가 좋으면 모르겠지만, 그렇지 않으면 국가 위상이 손상될 수밖에 없다. 특히 러시아와 중국은 조사 결과에 큰 자존심의 상처를 입었다. 세계인들이 러시아와 중국을 싫어하는 정도가 거의 '혐오'로 보일 만큼 수치스러운 통계가 계속 쏟아져 나왔기 때문이다.

2017년 퓨리서치센터가 밝힌 러시아에 대한 세계여론 조사 결과는 가히 충격적이었다. 37개국을 대상으로 한 조사에서, 특히 유럽에서 푸틴 대통령의 대외정책에 대한 신뢰도는 19%에 불과했고, 남미에서는 20%, 미국에서는 23%로 나타났다. 아시아와 중동에서도 각각 28%와 29%에 그쳤으며, 비교적 높은 신뢰도를 보인 아프리카에서도 35%를 넘지 못했다. 또한, 유럽 응답자의 41%와 미국 응답자의 47%는 러시아를 주요 위협국으로 지목했고, 폴란드에서는 무려 65%, 터키에서는 54%의 응답자가 러시아를 위협으로 인식했다. 심지어 요르단에서는 응답자의 93%가 러시아를 싫어한다고 답했고, 러시아가 자국 시민의 자유를 존중한다고 본 응답자는 유럽과 미국 모두에서 겨우 14%에 그쳤다.[69]

일반적으로 소프트파워는 '인권', '평등', '자유', '인류의 존엄성'과 같은 가치에 뿌리를 두고 있으며, 이는 서구 민주주의 사회가 중시하는 핵심 이념이다. 그러나 국가 주권과 국가 권위를 이러한 가치보다 우위에 두는 권위주의 국가의 공공외교 메시지는 앞의 여론조사 등이 보여주는 것처럼 세계 대중에게 긍정적이고 호의적인 인식을 주기가 쉽지 않다.

　이러한 방식의 메시지로는 성공하기 어렵다고 판단한 권위주의 국가들은 결국 '새로운 무기'를 찾아냈는데, 바로 '거짓말'과 '기만' 전략이었다. 마치 짝사랑하는 상대가 나의 구애 노력에도 불구하고 다른 이성에게 관심을 둔다면, 그 이성의 흠을 찾아내 짝사랑하는 사람이 그를 싫어하게 만드는 것과 같은 심리 전술이다. 비록 그로 인해 자신에게 새로운 기회가 오지 않더라도, 상대의 관계를 망가뜨리는 것만으로도 일종의 위안을 얻을 수 있다는 왜곡된 심리가 작동한 것이다. 이 과정에서 짝사랑하는 상대가 바라보는 남성이나 여성의 치명적인 약점을 들춰내거나, 둘 사이를 갈라놓거나, 사회적 평판을 떨어뜨려 고립시키려 할 수도 있다. '막장 드라마'뿐 아니라 권선징악을 주제로 한 영화나 소설 속에서 악역이 취하는 전략은 사실상 루저의 전략이다.

　전 세계적으로 활발한 공공외교를 추진하고 있는 중국과 '강한 러시아 건설'에 몰두하고 있던 푸틴의 러시아가 샤프파워를 추구하는 방식은 서로 다르지만, 대상 국가의 정치·사회 시스템에 '침투'하려는 목표는 유사하다. 중국은 아프리카, 남미, 중동의 개발도상국을 대상으로 경제협력, 투자, 개발원조에 집중하는 '친구 매수buying friends' 전략을 펼쳤고, 실제로 이러한 지역에서 중국에 대한 호감도가 상승하기도 했다. 특히 중국은 페루, 아르헨티나, 칠레 등 남미의 개발도상국들이 자국과 유사한 경제개발 및 근대화 경험을 공유한다고 강조하며, 이들 국가의 강압적인 사회통치 방식에 대해 수용적인 태도를 보였다. 이러한 전략은 남미 엘리트층으로부터 긍정적인 반응을 얻었고, 현재까지 중국이 남미에서 제공하는 수준의 투자와 원조를 따라올 국가는 없다.[70] 반면 중국에 비해 자금력과 인적 자원이 한정된 러시아는 자국의 매력으로 호소하기보다는 서구 민주주의 제도의 허점을 공격하여 서구 민주주의 체제와 그 가치가 덜 매력적으로 보이게 하는 전략을 펼치고 있다.

주목할 점은 냉전기 이념 대결의 승자였던 민주주의 진영이 정작 현대 권위주의 국가가 구사하는 프로파간다 공격에는 매우 취약하다는 것이다. 정보 수용과 표현의 자유가 중시되는 민주주의 진영에서는 특정 메시지나 허위조작정보에 더 쉽게 더 많이 노출되기 때문이다. 이러한 특정 메시지나 허위조작정보가 여론에 영향을 끼치고 나아가 국론을 분열시킬 가능성도 얼마든지 있다. 최근에는 AI 알고리즘의 스토리텔링 기술과 대규모 정보를 실시간으로 전달하는 메시지 전파 기술까지 동원되고 있다. 러시아는 이미 2014년 우크라이나를 침공했을 때부터 AI의 정보생성과 정보전달 기술을 적극적으로 활용해왔다.

물론 러시아도 냉전기부터 꾸준히 공공외교 활동을 전개해왔다. 1960년대에 아시아, 아프리카, 남미 등 제3세계 지역의 청년들에게 장학금을 지원하는 등 활발한 교육 활동을 펼친 바 있다. 탈냉전 이후에는 냉전기의 '팽창국가' 이미지를 탈피하고 국제평판을 개선하기 위해 전 세계에 송출하는 영어 TV 채널 Russia Today(RT)를 2005년 설립해 지금까지 운영하고 있다. RT의 설립은 2003년 해외 여론조사에서 러시아가 '공산주의', '비밀경찰KGB', '마피아' 등 부정적 이미지로 인식된 데 따른 조치였다.[71]

그러나 이러한 러시아의 노력은 자국의 평판을 개선하는 데 큰 효과를 거두지 못했고, 대신 러시아는 민주주의의 개방성이 지닌 취약점을 파고들어 사이버 공간에서 이들 국가에 대한 심리전을 전개했다. 그 결과는 어땠을까? 목적을 이루었다는 점에서 러시아의 새로운 전술은 성공적이었던 셈이다. 민주주의 사회의 열린 공론장은 러시아에 있어서는 은밀한 심리전을 마음껏 펼칠 수 있는 놀이터나 마찬가지기 때문이다.

친절한 점령자의 침공 전략, 하이브리드전

2014년 우크라이나 침공 당시, 러시아는 심리전이나 사이버전과 같은 비군사적 수단을 적극적으로 활용하여 군사력을 동원하지 않고도 승리를 거두었다. 전면적인 공격을 통해 우크라이나를 굴복시키기보다 간접적 군사행동으로 정치적 우위를 확보했다. 우선, 러시아는 심리전을 통해 우크라이나 내부 여론을 교란하고 사회적 혼란과 불안을 조장함으로써, 우크라이나가 러시아의 침략에 취약해지는 환경을 조성했다. 이러한 상황에서 러시아의 군사행동은 나토 회원국들이 정확히 파악하기 어려운 형태로 전개되었고, 이로써 서방은 적절한 군사 대응을 결정하거나 실행하지 못한 채 침공을 막지 못했다.

사실 2014년 러시아의 우크라이나 침공과 크림반도 합병은 철저하게 준비된 군사교리에 기반한 전술이 체계적으로 실행된 결과였다. 러시아의 2014년 군사 독트린 '새 세대 전쟁New Generation War', 또는 '게라시모프 독트린Gerasimov doctrine'은 심리전을 가장 효과적인 전술로 간주하며, 평시와 전시를 막론하고 국내외 행위자, 정부 및 비정부 행위자, 다양한 미디어를 총동원하여 적국을 제압하는 전략을 포함하고 있다.

2014년의 전술이 성공한 이후, 러시아는 사이버전과 심리전을 서방과의 직접적인 군사 충돌을 억제하는 일종의 선제적 위협 수단으로 간주했다. 미국을 하드파워로는 이길 수 없고 유럽을 소프트파워로 자국 영향권으로 끌어들일 수 없다면, 이들을 교란시키고 혼란스럽게 만드는 반칙을 쓰는 것이 러시아의 유일한 선택지였다. 그러나 미국과 유럽은 러시아발 허위조작정보의 공격을 민주주의 제도에 대한 직접적 위협으로 인식했다. 결과적으로, 러시아가 의도한 심리전은 오히려 서방의 공세적 대응을 유발하는 결과를 낳았다.[72] 2022년 2월 24일 러시아가 우크라이나를 다시 침공하며 2014년과 같은 손쉬운 승리를 재현하려 했지만 실패했던 이유는 단순하다. 우크라이나가 한 번은 속아도 두 번은 속지 않은 것이다. 또한, 2014년 당시 우크라이나와 함께 속았던 유럽은 2014년 이후 러시아의 속임수 전술에 또다시 당하지 않기 위해 8년 동안 대비해왔다.

2014년 우크라이나 침공 초기, 러시아 군인들은 '소규모의 녹색 남자들' 또는 '리틀 그린맨little green men'으로 불렸다. 이는 우크라이나 영토로 진입한 군인들이 소속 부대나 계급, 명찰이 식별되지 않는, 국적 불명의 군복을 착용하고 있었기 때문이다. 이들 리틀 그린맨은 우크라이나군과 직접적인 교전 없이 군사기지, 의회, 대법원, 공항 등을 차례로 점령하며, 명확히 정의하기 어려운 애매모호한 군사행동을 보였다. 당시 CNN은 이러한 러시아의 우크라이나 점령 초기 상황을 "다소 친절한 대치a somewhat polite standoff"라고 묘사했다. 군인들의 정체가 불분명하고 무력 충돌이 발생하지 않았던 탓에 우크라이나 어린이를 포함한 시민들이 이들과 길거리에서 사진을 찍기도 했다. 이러한 사진들은 러시아에서 온 점령자들이 위험하지 않다는 인상을 주기에 충분했다.[73] 러시아는 우크라이나 침공의 최종 국면에서 결정적인 군사행동을 전개하는 전략을 취하여 아주 쉽게 전쟁에서 승리했다.

러시아가 전개한 이러한 전쟁 전술은 공격 대상의 '취약점'을 겨냥해 사회 혼란을 유발하고, 국가 행위자의 신속하고 효과적인 의사결정과 대응을 지연시키거나 방해하며, 궁극적으로는 공격 대상의 대항 의지를 꺾는 방식으로 이루어진다. 이러한 전쟁은 '하이브리드전hybrid warfare'이라고 불리는데, 전시와 평시를 막론하고 전개될 수 있기 때문에 '하이브리드 위협hybrid threats'이라는 단어가 사용되기도 한다. 하이브리드전에는 대리 세력proxy forces의 활용, 병력이동, 화학·생물·핵무기 사용, 사이버 공격, 심리전·인지전, 여러 방해 행위를 포함하는 정치적 사보타주sabotage, 경제적 압박, 범죄행위 등 다양한 전술이 동원된다. 한마디로 다각적인 위협 수단을 사회 전반의 여러 영역에 걸쳐 동시다발적으로 활용하여 파괴적인 시너지 효과를 극대화하려는 전술이다.[74]

민주주의 국가는 왜 하이브리드전에 취약할까?

2014년 우크라이나 침공에서 러시아는 정규군뿐만 아니라 특수부대, 게릴라, 테러범과 같은 비정규전 부대도 적극적으로 활용했다. 또한, 국가안보위원회KGB의 후신인 연방보안국FSB과 군사정보국GRU은 우크라이나를 대상으로 정보 수집, 여론 조작 등 심리전을 포함한 사이버 작전을 전개했다. 이러한 하이브리드전은 저강도의 전통적 군사작전과 소셜미디어를 통한 국내외 여론전 같은 특수작전을 정교하게 결합한 전술이다. 그렇다면 왜 이런 전술을 펼치는 걸까? 왜 힘으로 밀어붙이지 않는 걸까? 그것은 적을 더 쉽게 이기기 위해서다.

그렇다면 이런 방식의 전쟁을 원하는 쪽은 누구인가? 압도적인 힘을 가진 강자라면, 굳이 이런 복잡한 전략을 사용할 필요가 있을까? 때리지 않고도 이길 수 있는 싸움에 관심이 있는 쪽은 강자가 아니라 약자다. 희망이 완전히 사라져 누군가의 사랑을 다시 회복하는 일을 포기한 루저가 사용하는 전술 방식이다.

"머리를 써라"라는 말은 영어로는 "누들을 사용하라Use your noodle"라는 말로 표현되기도 한다. 뇌를 누들(국수)에 비유한 것으로, '전략'을 사용하라는 뜻이다. 전략이 가장 필요한 사람은 누구일까? 〈톰과 제리〉라는 디즈니 만화영화를 떠올려보면, 전략은 강자보다 약자에게 더 절실하다. 언제나 승리를 확신할 수 있는 쪽보다 패배할 가능성이 짙은 쪽이 더 치밀한 전략을 필요로 한다.

러시아가 펼친 하이브리드전 역시 전형적인 강자의 전쟁이 아니었다. 러시아가 우크라이나와의 일대일 대결에서 승리할 수 있을지는 결국 유럽의 개입 여부에 달려있었다. 따라서 러시아는 유럽이 군사적으로 개입할 가능성을 철저히 차단하면서 신중하게 움직였다. 2022년에도 2014년과 같은 전술을 반복한 이유 역시 동일했다. 그러나 러시아는 유럽을 과소평가했다. 2014년과 마찬가지로 미국과 유럽이 우크라이나를 군사적으로 직접 지원하지는 않을 것이라고 예상했던 것인데, 왜 그랬을까?

미국과 유럽이 반복적으로 러시아의 계략에 속아 넘어갔기 때문이다. 2014년 우크라이나가 러시아로부터 침공당했을 때, 북대서양조약기구NATO는 러시아의 위협을 '하이브리드 위협'으로 정의하며 심리전에 주목했다. 그러나 러시아는 단순히 우크라이나를 속이는 데 그치지 않고 그 대상을 유럽과 미국으로 확장했다. 러시아는 서방 국가들의 선거에 개입하기 시작했다. 2016년 미국 대선에서 도널드 트럼프 대통령이 당선된 것을 시작으로, 같은 해 영국의 브렉시트Brexit 국민투표, 이후 스페인 카탈루냐 독립투표, 2018년 이탈리아 총선, 2019년 유럽의회 선거를 비롯해 독일과 프랑스를 포함한 유럽 각국의 수많은 선거가 러시아의 심리전 영향을 받았다. 특히 소셜미디어 플랫폼을 활용한 러시아발 허위조작정보disinformation의 대규모 유포는 서방의 공론장을 혼란에 빠뜨렸다. 그야말로 서방의 온라인 공간은 러시아가 퍼뜨린 가짜뉴스로 인해 난장판이 되었다.

민주주의 사회의 여론은 권위주의 국가 입장에서는 너무나도 속이기 쉬운 먹잇감이다. 더욱이 우파와 포퓰리즘의 득세, 그리고 여론의 양극화가 심화되는 세계 각국의 민주주의

사회에서는 국내에서 확산되는 가짜뉴스와 러시아가 퍼뜨리는 가짜뉴스의 구분이 어려워졌다. 이처럼 소셜미디어의 메시지를 통해 서방 민주주의 국가의 핵심적인 정치과정인 선거를 완전히 뒤흔들 수 있는 상황을 지켜보면서 러시아는 자국의 샤프파워에 새삼 놀랐을 것이다. 러시아는 이 엄청난 발견에 어쩌면 전율을 느꼈을지도 모른다. 적의 사회가 끊임없이 위기와 혼란으로 시끄러워진다면, 굳이 피를 흘려가며 전쟁을 벌일 필요는 없지 않은가? 때리지도 않고 싸우지도 않았는데 적이 스스로 분열하고 붕괴한다면 손쉽게 적을 이길 수 있을 것이다. 적국의 사회 곳곳에서 갈등과 범죄가 끊이지 않게 만든다면, 그 국가의 기능은 저절로 마비되지 않겠는가?

외계인을 입양한 힐러리와 게이 대통령 마크롱?

미국 국방부 조사에 따르면, 러시아 정보기관은 2015년
7월 민주당 전국위원회Democratic National Committee의 컴퓨터 네
트워크를 해킹하여 대선 후보였던 힐러리 클린턴의 정보를 포
함한 다양한 자료를 'Guccifer 2.0'이라는 이름으로 위키리크스
WikiLeaks와 디시리크스DCLeaks에 전달했다. 이후 2016년 미국
대선을 앞두고 클린턴의 위신을 실추시킬 목적으로 러시아
의 사이버 심리전 활동이 본격적으로 가동되었다.

영국 옥스퍼드대학교의 '컴퓨터 프로파간다 프로젝트
Computation Propaganda Project' 연구팀은 미국 대선 전후에 트위터
에 게시된 선거 관련 글들을 분석했다. 그 결과, 경합주 선거와

관련하여 극단적인 내용의 트윗이 집중적으로 작성되고 유포된 것을 발견했다. 연구팀은 이러한 트윗 대부분이 러시아와 연계된 인공지능 알고리즘 프로그램인 '소셜봇social bots'이 자동으로 생성한 것임을 밝혀냈다.[75]

이러한 허위조작정보 유포 활동disinformation campaign은 전문적이고 집중적이며 매우 빈번하게 수행되는 정보활동이다. '허위정보misinformation'는 조작의 의도가 없는 단순히 '잘못된 정보false information'이지만, '허위조작정보disinformation'는 의도적으로 정보를 왜곡한다는 의미를 담고 있다. 오늘날 이러한 허위조작정보 유포 활동이 주로 사이버 공간에서 AI 알고리즘 프로그램까지 동원되며 수행되기 때문에 '컴퓨터 프로파간다computational propaganda' 혹은 '디지털 프로파간다digital propaganda'로도 불린다. 이러한 활동이 군사적 활동으로 수행될 때는 '사이버 심리전psychological warfare'이라 부르고, 평시와 전시를 포함하여 보다 광범위한 활동의 의미를 강조할 때는 '사이버 영향공작·영향력 공작cyber influence operations'이라고 한다.

미국 대선에서 심리전의 효과와 위력을 시험해 볼 수 있었던 러시아는 이후 2017년 서유럽의 각종 선거와 국민투표 상황에서도 동일한 심리전 전술을 전개했으며, 이러한 전술은 상당한 효과를 거두었다. 미국과 서유럽은 2016년 이후 국내 선거 혹은 국민투표 캠페인 기간에 본격적으로 전개된 러시아의 이러한 정보활동을 사이버 테러에 준하는 공격으로 규정한 바 있다. 이미 2016년 한 해 동안 EU 집행위원회 서버를 해킹하려는 러시아의 시도는 110회에 달했고, NATO도 2015년에 매달 평균적으로 320회의 사이버 공격을 받았다. EU는 이중 상당수 공격의 진원지로 러시아를 지목했다.[76]

네덜란드 군사정보기관인 MIVD의 연례보고서는 러시아가 하이브리드전을 수행하기 위한 능력을 크게 키웠으며, 최근 네덜란드 국방부와 외교부에 대한 사이버 공격을 확대했다고 밝혔다. 덴마크 사이버 안보 기관인 사이버안보센터의 보고서도 2015년부터 러시아가 덴마크 국방부의 이메일을 해킹하고 있다고 보고했다.[77] 미국도 2017년 발표한 〈국가안보 전략〉 보고서에서 러시아가 해외 대중 여론을 왜곡하기 위해 전 세계적인 정보전과 심리전을 펼치고 있음을 명시했다. 미국은 이미 2014년부터 중앙정보국CIA이 주축이 되어 허위조작정보를 조직적으로 확산시키려는 러시아의 '트롤troll' 부대 서버 파괴 활동을 전개한 바 있다. 2014년 우크라이나가 러시아로부터 정보의 무기에 공격받고 있을 때 이미 서방에 대한 러시아의 사이버 총구는 열려있던 상황이었다.

러시아발 가짜뉴스는 서방 국가들의 국내 선거와 국민투

표 캠페인 기간 소셜미디어 공간을 장악하며 선거와 국민투표의 핵심 이슈로 작용했다. 미국과 유럽의 민주주의 국가들을 대상으로 소셜미디어 플랫폼을 이용해 허위조작정보를 유포하고 여론을 교란하려는 시도는 러시아뿐만 아니라 이란도 오랫동안 지속해왔다. 이란발 허위조작정보 유포 활동은 가짜뉴스 사이트 네트워크와 다양한 소셜미디어 플랫폼을 통해 이루어졌다. 이 활동은 반反사우디아라비아, 반反이스라엘, 친親팔레스타인, 반反트럼프 담론 등을 조성한 바 있다.

이란은 특히 아랍어권 중동지역에서 소셜미디어 가짜계정을 이용해 미국의 진보성향 유권자로 가장했다. 2016년 미국 민주당 대통령 후보 경선에서는 미국 시민으로 가장한 이란의 소셜미디어 가짜계정들이 버니 샌더스Bernie Sanders 상원의원을 지지하며 친親팔레스타인 메시지를 유포한 정황이 확인된 바 있다. 이처럼 2016년 미국 선거는 러시아와 이란 등 적대국들이 적극적으로 개입한 혼란스러운 상황이었으며, 마치 이란과 러시아도 투표권을 행사한 것처럼 적잖은 영향과 이슈를 남겼다.

서방에서 유포된 가짜뉴스들은 적어도 일반인이 접했을 때 사실로 오해할 여지가 있다. 하지만 더 심각한 문제는 미국을 비롯한 유럽의 대중이 터무니없는 가짜뉴스마저 사실로 받아들였다는 점이다. 2016년 미국 대선 당시 일부 미국인들은 힐러리 클린턴이 젊은 시절부터 외계인을 입양해 키우고 있다는 황당한 이야기를 믿었을 정도다.

2016년 미국 대선 당시 힐러리 클린턴은 자신이 당선되면 미확인비행물체UFO나 외계인과 관련된 '미국 정부 비밀문서'를 공개하겠다고 밝힌 바 있었다. 이에 따라 "이 비밀을 알고 싶다면 힐러리에게 투표하라!" 같은 내용의 선거운동까지 전개되었다. 그런데 힐러리 클린턴이 외계인을 키우고 있다는 소문은 2016년 선거철에 갑자기 등장한 것이 아니라, 이미 남편인 빌 클린턴 대통령 재임 시절부터 시작되었다. 1993년에는 타블로이드 신문에서 '힐러리가 외계인 아이를 입양했다'라는 내용을 보도한 적이 있으며, 힐러리가 외계인 연구에 관심이 많았던 백만장자 로렌스 록펠러를 1995년 만나면서 이러한 가짜뉴스는 더욱 신빙성을 얻어 사실로 믿는 사람들이 늘어났다.

영국에서도 비현실적인 가짜뉴스를 사실로 여겨 행동에 나선 사례가 있었다. 2019년 중국에서 시작된 코로나19 바이러스가 5세대 이동통신5G 망을 통해 확산된다는 음모론이 퍼졌는데, 이를 믿은 영국인들이 거리로 나와 시위를 벌였고 실제로 버밍엄, 리버풀, 멜링 지역의 기지국에 방화하는 사건까지 발생했다. 프랑스에서도 마찬가지였다. 마크롱 대통령이 동성애자라는 가짜뉴스는 어쩌면 힐러리 클린턴의 외계인 입양설보다는 덜 황당한 이야기처럼 보인다. 24세 연상의 아내가 영부인인 마크롱 대통령의 사생활이 비교적 잘 알려지지 않은 가운데, 그의 동성애에 대한 소문은 꾸준히 퍼져왔다. 특히 마크롱이 한 남성과 키스하고 있는 것처럼 조작된 사진이 소셜미디어에 널리 퍼지는 등 가짜뉴스는 계속 확산되었다. 이처럼 서구 정치인들을 둘러싼 가짜뉴스는 소셜미디어에서 사람들이 가장 많이 퍼뜨리고 공유하는 정보 중 하나다. 그런데 왜 이런 현상이 계속되는 걸까?

정치인을 둘러싼 가짜뉴스는 분명한 정치적 목적으로 만들어지며, 최대한 많은 사람에게 확산되는 것을 목표로 한다. 그런 점에서 보면, 대중의 정보 판단력을 흐트러뜨리기 위한 가짜뉴스는 구체적이고 정교해야 하며, 새롭고 독창적일 뿐만 아니라 충격적이고 자극적인 내용이어야 한다. 그래야만 사람들의 관심을 끌기 때문이다. 도파민 분비를 유발해 기억에 오래 남고 학습 효과를 일으킬 만큼 놀라운 정보여야 많은 사람에게 빠르게 퍼지고 사회적 영향력을 발휘할 수 있다. 특히 선거일이 가까워질수록 미국 유권자들은 주류의 뉴스보다 가짜뉴스에 더 집중하는 경향을 보인 바 있다. 이는 자극적이고 충격적인 내용의 허위조작정보가 선거 직전 시기에 맞춰 집중적으로 대량 유포되었기 때문이기도 하다.[78]

한편, 소셜미디어 플랫폼에서 허위조작정보가 생산, 유통, 소비되는 과정에서 막대한 이윤이 창출된다는 사실은 이러한 정보가 단순히 적대적인 국가 간 정보전의 산물만은 아니라는 점을 보여준다. 정보가 더 충격적이고 자극적일수록 조회 수가 높아져 게시자가 얻는 수익 규모도 커지는 소셜미디어 플랫폼의 이윤 창출 구조가 이러한 악의적인 정보활동을 부추기는 측면이 있다. 2016년 미국 대선 당시 트럼프를 지지하는 대규모 보수 성향 기사들이 마케도니아의 한 소도시에서 생산되었다는 사실을 밝혀내기 위해 CNN과 NBC는 탐사취재를 진행했다. 그 결과, 영어에 능통한 이 도시 청년들이 생계를 위해 미국 언론의 자극적인 기사들을 재편집하고, 더욱 선동적인 헤드라인을 붙여 온라인 가짜뉴스를 만들어 큰 수익을 올리고 있었다는 사실이 드러나기도 했다

내러티브의 귀재 젤렌스키와
우크라이나의 전시 유머

앞서도 언급했듯이, 사람이 느끼는 다양한 감정 중 즉각적 행동을 유발하는 감정은 '분노'와 '두려움'이다. 분노는 그 원인에 맞서 싸우도록 만들고, 두려움은 생존 본능을 자극해 도망치게 한다. 한 국가가 다른 국가의 침략을 받을 때, 사람들은 이 두 가지 감정을 동시에 느낄 것이다. 전쟁은 누구에게나 두려운 사건이지만, 국가와 국민이 적과 맞서 싸우기를 두려워한다면 결코 나라를 지킬 수 없는 것도 사실이다.

이러한 현실을 직접 보여준 사례가 2022년 2월 24일 발발한 러시아-우크라이나 전쟁이다. 이 전쟁을 통해 국민의 항전 의지가 국가 최고지도자의 말과 행동으로부터 결정적인 영향을 받는다는 사실이 분명히 드러났다. 압도적인 군사력을 보유한 러시아에 비하면 절대적으로 열세인 우크라이나는 전쟁이 일어난 지 3년이 지났지만, 여전히 항복하지 않고 항전을 이어가고 있다. 서방의 군사적 지원만이 우크라이나의 항전을 설명할 수는 없다. 과연 어떻게 이런 일이 가능했을까?

법학자이자 코미디언이었던 볼로디미르 젤렌스키 Volodymyr Zelensky는 대통령에게, 특히 전시 상황에서의 대통령에게 필요한 역량을 대통령이 되기 전부터 자연스럽게 훈련하고 쌓아온 인물이다. 코미디언의 가장 중요한 능력은 순발력, 설득력, 그리고 창의력이다. 아주 짧은 시간 안에 청중을 웃기거나 울리는 능력은 짧은 문장 속에 대단히 강력한 메시지를 담아낼 수 있느냐에 달려있다. 사람들이 메시지와 내러티브에 주목하게 만들려면, 메시지의 내용이 매우 독창적이고 흥미로워야 한다. 젤렌스키는 이런 메시지 전달에 특화된 역량을 지닌 인물이었으며, 전시 상황에서 약소국 대통령으로서 설득자의 역할을 효과적으로 수행했다.

젤렌스키 대통령은 러시아의 침공 초기부터 국가적 차원에서의 전시 심리전을 즉각적으로 가동했다. 우크라이나 정부가 발신한 메시지는 나토 회원국의 공감을 얻으며 국제사회에 광범위하게 확산되었다. 젤렌스키 대통령이 가장 효과적으로 활용한 전시 심리전의 수단은 소셜미디어였다. 그는 트위터와 인스타그램 등 소셜미디어를 통해 매일 구체적인 전황을 알리는 한편 화상회의 방식으로 타국 의회에서 직접 연설했다. 이는 한 국가의 대통령이 전 세계 정부와 대중을 대상으로 실시간으로 전황을 전파하고, 군사적·외교적 지원을 요청한 역사상 최초의 사례로 기록되었다.

러시아가 개전과 동시에 가장 먼저 유포한 가짜뉴스는 "젤렌스키 우크라이나 대통령이 수도에서 도망쳤다"라는 것이었다. 이에 대해 젤렌스키 대통령은 즉각적이고 단호하게 대응했다. 개전 이틀째인 2월 25일, 그는 데니스 슈미갈 총리 등 주요 지도부와 함께 여전히 수도 키이우에 남아 항전하고 있음을 알리는 영상을 공개했다. 이 영상은 키이우의 야경을 배경으로 촬영되었으며, 국제사회에 큰 반향을 일으켰고, 우크라이나 시민들의 항전 의지를 고무시켰다.

전쟁이 발발하자, 미국 정부는 젤렌스키 대통령의 키이우 탈출을 지원하려고 했다. 그러나 젤렌스키는 이를 거부하고 "여기에 싸움이 있다. 나는 탈출을 위한 차가 아니라 탄약이 필요하다The fight is here. I need ammunition, not a ride"라는 유명한 말을 남겼다. 이 말은 수없이 회자되며 국민의 항전 의지에 불을

지폈다. 젤렌스키는 3월 4일에도 러시아의 탈출설을 반박하며 키이우의 대통령 집무실에서 비서실장과 함께 있는 영상을 공개했다. 이 영상은 업로드 11시간 만에 533만 회 이상의 조회 수를 기록했고, 5만 개가 넘는 댓글이 달렸다. 이는 우크라이나 시민은 물론 전 세계가 젤렌스키의 메시지에 집중하고 있음을 보여주는 사례였다. 약소국의 코미디언 출신 대통령이 거대한 러시아에 맞서 항전하는 모습은 비현실적일 만큼 충격적이었다. 국제사회는 그가 배우 출신으로서 과거 직업을 통해 익히고 훈련한 고도의 스토리텔링 기술, 즉 극적이면서도 효과적인 메시지 전달 능력을 전쟁의 한복판에서 발휘하는 모습을 그대로 지켜본 셈이다.

우크라이나 정보정책부 Ministry of Information Policy 는 지속적으로 전황 관련 기자회견을 개최하면서 국내외 미디어가 분쟁지역에 접근할 수 있게 지원하고 전황이 실시간으로 공유되도록 했다. 또한, 우크라이나 정부는 러시아에 점령된 지역에서도 텔레비전과 라디오 방송이 계속 송출될 수 있도록 조치했다. 우크라이나는 러시아 주장을 반박하는 반격 내러티브를 신속하게 제공하여 러시아발 정보에 대한 신뢰성을 훼손하고 러시아의 거짓말쟁이 이미지를 고착시키는 전략을 펼쳤다.

우크라이나와 서방이 공조한 심리전 내러티브는 다양한 프레이밍으로 제시되었다. 양국의 전쟁은 우크라이나와 러시아 간 전쟁이기보다 '민주주의 진영 대 푸틴의 전쟁'으로 묘사되었다. 국제사회를 향해 "우크라이나가 무너지면 유럽 안보도 위협받는다"라는 민주주의 연대의 필요성을 강조하며, 유럽 각국의 지속적인 군사적 지원을 설득하는 논리로 활용되었다. 우크라이나의 내러티브는 또한 자국을 전쟁의 '약자'나 '피해자'로 묘사하는 감정적 호소에 집중하기보다, 강대국 러시아에 맞서 싸우는 '작지만 강한 국가'의 이미지로 묘사했다. 그리고 비장한 전시 내러티브에는 유머가 가미되었다. 비장한 상황 속에서의 유머는 오히려 그 비장함을 더욱 극대화하는 효과를 가져왔다.

2024년 2월 24일 우크라이나 스네이크섬의 국경수비대원 13명은 러시아 최대 전함 '모스크바함'으로부터 항복하지 않으면 포격하겠다는 경고를 받았다. 이에 대해 대원들은 "러시아 전함, 꺼져라"라는 거친 응답으로 맞섰다. 이들의 음성녹음 파일이 소셜미디어를 통해 빠르게 확산되면서 이에 대한 세계 각국 대중의 반향도 불러일으켰다. 이후, 모스크바함이 우크라이나의 '넵튠Neptune' 지대함 미사일 두 발을 맞고 침몰하자, 이 에피소드는 우크라이나의 기념 우표에 담기게 된다. 이

우표는 발행 후 10일 만에 70만 장이 판매되며 큰 인기를 끌었다.

우크라이나 정부는 이번 전쟁에 대한 국제사회의 관심을 끌기 위해 엔터테인먼트 성격의 조작된 디지털 정보도 적극적으로 활용했다. 우크라이나 국방부는 서방에 비행금지구역 설정을 촉구하는 과정에서 러시아 공습의 위험성을 강조하고 "우크라이나가 무너지면 유럽도 무너진다"라는 논리를 뒷받침하기 위해 어느 프랑스인이 제작한 합성 영상을 활용했다. 해당 영상은 파리 에펠탑이 폭파되고 파리가 공습당하는 모습을 담은 45초 분량의 영상으로, 국방부는 이를 트위터에 공유했다. 이 영상은 공개된 지 하루 만에 60만 회 이상 조회되며 큰 반향을 일으켰다. 우크라이나 정부의 보안국Security Service of Ukraine도 '키이우의 유령'이라 불리는 우크라이나의 에이스 파일럿이 개전 후 러시아 전투기 40대를 격추했다는 내용을 담은 영상을 제작해 각종 소셜미디어에 게시했다. 우크라이나 공군은 해당 파일럿이 실존 인물이 아니라고 밝혔지만, 이 영상은 이번 전쟁에서 우크라이나가 제작한 가장 유명한 프로파간다 영상이 되었다.

사람들은 약자의 처절한 저항에 열광한다. 그리고 약자 편에 서서 응원하고 그들이 만들어내는 반전에 감동한다. 영화와 드라마에서 수없이 접하는 이러한 스토리가 현실에서 펼쳐지고 있는 것이다. 여기서도 사람들이 이런 스토리에서 감동과 흥분을 느끼는 이유를 생각해볼 수 있다. 그것은 '반전'이 주는 쾌감 때문이다. 예상되는 상황이나 추측할 수 있는 상황과 반대의 이야기가 펼쳐질 때 사람들은 열광한다. 우크라이나의 대통령과 군, 시민들은 마치 모두가 기대하는 스토리, 즉 약자가 처절하게 저항하며 반전을 만들려는 서사가 국제사회의 지지와 실질적인 군사 지원을 끌어내는 데 얼마나 중요한 역할을 하는지 알고 있었던 것 같다. 스스로 싸우기를 포기하거나 승리를 향한 의지를 보이지 않는 국가를 지원하는 나라는 없다.

5

적의 뇌 장악하기:
AI와 알고리즘으로 싸우는 인지전

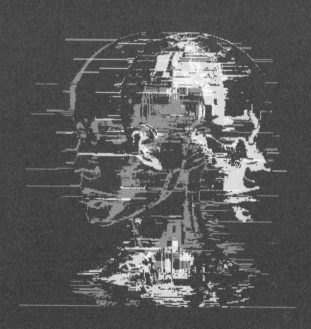

인간의 마음과 뇌를 공격하는 인지전의 부상

현재 진행 중인 두 개의 전쟁, 즉 3년 이상 이어지고 있는 러시아-우크라이나 전쟁과 2023년 10월 이후 여전히 끝나지 않은 이스라엘-하마스 전쟁은 신기술이 적용된 무기의 무서운 파괴력을 보여주었다. 자폭 드론과 더불어 비물리적, 비가시적 영역의 전쟁인 사이버전cyber warfare, 그리고 인터넷과 소셜미디어 플랫폼에서 AI가 정보를 생산하고 확산하는 능력을 활용한 사이버 심리전인 인지전cognitive warfare도 중요한 전쟁 방식으로 부상했다.

러우 전쟁을 계기로 언론과 미디어에서 본격적으로 언급되기 시작한 인지전은 적국의 개인, 대중, 지휘부의 인식과 사고방식에 영향을 끼침으로써 적이 우리 편에게 유리한 의사 결정과 행동을 하도록 유도하는 전쟁이다. 다시 말해, 인지전은 적의 '인지cognition' 과정을 직접 공격하는 방식의 싸움이다. 2014년 러시아는 우크라이나 침공을 앞두고 자국에 우호적인 여론을 미리 조성한 뒤 침공 초기에는 별다른 교전 없이 우크라이나의 의회, 공항, 법 기관, 군사기지를 신속히 장악했다. 이러한 침공 방식은 유럽 각국에 하이브리드전 차원의 새로운 위협으로 인식되었고, 이를 계기로 NATO 내에서 인지전에 대한 논의가 활발해졌다. 현재 중국과 러시아 외에도 NATO는 인지전에 대해 가장 진지하고 활발한 논의를 진행하고 있으며, 특히 군사적 관점에서의 접근이 두드러진다.

인지전은 공격 대상 국가를 혼란에 빠뜨리기 위해 기만적인 정보와 내러티브를 활용하여 여론을 혼란스럽게 하고, 국가 지도부와 군 지휘부의 합리적 상황판단 능력을 무력화함으로써 궁극적으로 올바른 정책 결정을 방해하는 것을 목표로 한다. 물리적인 군사 공격이 아닌 만큼 인지전은 평상시peacetime와 전시wartime 등 모든 상황에서 전개될 수 있다. 물론 전시에는 더 극단적으로 폭력적인 디지털 콘텐츠를 소셜미디어에 유포함으로써 적국 군대의 공포심을 자극하고 항전 의지를 꺾는 것이 인지 공격의 전략으로 활용된다.

인지전은 기본적으로 적국의 지휘부와 군 장병, 그리고 일반 대중을 대상으로 펼쳐진다. 적과 그의 동맹·우호국 간의 관계를 갈라놓거나 서로 다른 이익을 추구하도록 유도하여 '분열'을 조장하는 전략도 사용한다. 적이 공격 목표에 집중하지 못하도록 실제 또는 가상의 위협이나 이슈를 제기해 주의를 '분산'하는 전술도 사용한다. 대량의 정보를 퍼뜨리거나 다양한 형태의 위기를 동시다발적으로 조성할 수도 있는데, 이는 즉각 대응해야 할 핵심 사안을 신속하게 판단하지 못하도록 '정보 과부하'를 일으키려는 목적이다. 이런 식의 인지전 공격을 당하게 되면 결국은 올바른 정보 구분이 어려워질 뿐 아니라 정상적 사고와 합리적 판단, 제대로 된 정책 결정도 어려워질 것이다. 나아가 사회 전체가 갈등과 분열로 나뉘면서 국가적 위기를 맞을 수도 있다. 이것이 바로 인지전의 궁극적 목표다.

인지전은 그간 우리가 전혀 경험하지 못했던 새로운 형태의 전쟁은 아니다. 과거 냉전 시기 자유주의 진영과 공산주의 진영이 이념 대결을 했던 선전 활동인 프로파간다와 비슷하다. 그런데 여기에 정보통신기술과 인공지능 기술이 접목되면서 '디지털 프로파간다' 버전이라고 할 수 있다. 전시 상황의 인지전은 특정한 적국 집단을 목표로 삼아 일정 기간 강도 높게 전개되는 심리작전psychological operations, PSYOP과 유사하게 펼쳐질 수 있다. 적의 사기와 저항 의지를 꺾고, 반대로 아군의 사기를 높이는 식의 전시 여론전이다.

미국은 1999년 걸프전과 2003년 이라크전에서 이라크군 지휘부, 사담 후세인의 측근 정치세력, 주요 정치지도자 그리고 일반인을 대상으로 허위조작정보 유포를 활용한 심리전을 진행한 바 있다. 이라크군 지휘부와 병사들의 투항을 유도하고 전투 의지를 떨어뜨리거나 정치세력 간의 갈등을 유발하기 위해 다양한 매체를 활용했다. 거짓 정보가 담긴 전단을 항공기로 살포했으며, 라디오, TV, 전화, 이메일 등을 이용해 심리전을 적극적으로 전개했다. 그 결과, 실제로 250여 명의 이라크 군인이 항복하기도 했다.

이러한 '작전 성공'은 곧 인지전의 효과를 뜻하는데, 이런 맥락에서 NATO는 인지전을 가장 위협적인 도전으로 받아들이고 있다. 2014년 러시아가 하이브리드전을 통해 우크라이나를 손쉽게 침공하고 크림반도를 합병한 사건이 큰 충격과 영향을 끼쳤기 때문이다. 인지전에 대한 관심은 다양한 연구로도 이어지고 있는데, NATO는 '인간의 마음'을 새로운 전쟁터로 추가하기도 했다. 그동안 전통적인 전장인 육·해·공에 더해 사이버·우주가 추가되어왔다면, 여섯 번째 작전 공

간은 인간의 마음인 인지 영역이라는 얘기다. NATO는 2021
년부터 인지전을 '전쟁 수행 기본개념 Warfighting Capstone
Concept'으로 발전시켰고, 2024년에는 인지전을 새로운 전쟁
개념으로 최종 승인하기도 했다.

　　인지전이 부상하게 된 근본적인 이유는 정보통신기술, 인
공지능 기술, 뇌과학의 급속한 발전으로 인간의 정보분별과
의사결정에 영향을 미칠 수 있는 정보 커뮤니케이션 환경이
고도화되고 있기 때문이다. 첨단 과학기술 발전이 한편으로
는 기존 무기의 성능과 파괴력을 증대시키고 있지만, 다른 한
편으로는 '싸우지 않고도 적을 이길 수 있는' 더욱 매력적인
대안인 인지전의 부상을 가져오고 있는 셈이다. 인터넷과 소
셜미디어의 대중화로 글로벌 차원에서 실시간 정보 전달과
소통이 가능해졌다. 이는 곧 마음만 먹으면 세계 그 어느 곳
에도 신속하게 영향을 끼칠 수 있게 되었다는 의미다. 전쟁을
치르는 국가들만이 아니라 평시에도 이러한 방식으로 목표
로 삼은 특정 국가의 여론을 흔들 수 있다는 뜻이며, 결국 여
론에 민감한 정부와 정치권까지도 동요시킬 수 있다는 것을
시사한다.

은밀한, 보이지 않는 공격, 영향공작

　오늘날의 정보 커뮤니케이션 환경은 국가 간의 갈등 발생 시 상대국의 온라인 여론을 조작해 세계여론 흐름을 자국에 유리하게 이끄는 일을 매우 쉽게 만들고 있다. 이제 다른 나라의 정치에 개입하는 것은 그 어느 때보다 간단해졌다. 공격 대상으로 삼은 국가의 사이버 공간에 원하는 정보를 대규모로, 또 빠른 속도로, 최대한 많은 사람에게 확산시키는 것이 가능하기 때문이다.

　최근 놀라운 속도로 고도화되고 있는 인공지능의 정보생성 및 전달 능력까지 동원하면 자신의 정체를 숨긴 채 은밀한 정보활동을 할 수 있다. 이러한 환경 속에서 과거 냉전기에 빈번히 사용되었으나 탈냉전 이후 거의 사라졌던 개념인 '영향공작influence operations'이 최근 다시 주목받고 있다.

인지전은 본질적으로 사람의 마음과 뇌를 공격 대상으로 삼기 때문에 전시와 평시를 구분하지 않고 지속해서 펼쳐진다. 그런데 인지전warfare이라는 용어에 담긴 '전쟁'이라는 뉘앙스를 피하고자 한다면 '영향공작'이라는 표현이 더 적절할 수 있다. 대부분의 영향공작은 가짜뉴스를 비롯한 허위조작정보를 조직적으로 확산하는 방식을 활용한다.

유럽은 러시아와 중국으로부터 다양한 영향공작의 피해를 경험해왔는데, 이에 따라 EU는 외국의 영향공작이나 인지전 공격을 더 정확히 표현하기 위해 '외국의 정보 왜곡과 간섭Foreign Information Manipulation and Interference, FIMI'이라는 새로운 용어를 만들었다. EU는 민주주의 국가의 핵심 가치인 '정치적 표현의 자유'에 개입하려는 것이 아니라, 문제의 정보활동이 국내 행위자가 아닌 외국 행위자에 의해 이루어진다는 점을 명확히 하기 위해 'FIMI'를 공식 용어로 사용하고 있다. 즉, FIMI는 우발적으로 또는 악의 없이 확산되는 잘못된 정보misinformation가 아니라, 의도적인 정치적 목적을 가지고 여론을 왜곡하려는 정보를 의미하며, 이는 EU 내정에 대한 간섭이라고 보는 개념이다. 다만, 특정 국가와 연계되지 않은 개인이 허위조작정보를 유포하는 경우도 존재하기 때문에 모든 허위조작정보 유포 활동이 FIMI에 해당하는 건 아니다. 따라서 FIMI는 '영향공작'에 더 가까운 개념이며, 그 주체가 외국 또는 국외 세력이라는 점을 강조한다. 이는 국내 개인이나 사회조직의 정보활동에 대한 국가의 규제나 법적 개입, 즉 '언론의 자유' 침해와는 무관하다는 점을 분명히 하려는 의미도 담고 있다.

요컨대, 영향공작이나 FIMI에 비해, 인지전은 보다 군사적 차원에서 사용되는 용어로 볼 수 있다. 인지전의 공격 수단은 영향공작이나 FIMI와 마찬가지로 텍스트, 이미지, 딥페이크 자료 등이 될 수 있지만, 이에 국한되지는 않는다. 인지전은 인간의 사고와 감정에 영향을 끼치기 위해 더 직접적으로 뇌를 겨냥하는 다양한 기술적 수단을 활용하며, 이런 기술 역시 공격 무기가 될 수 있다.

'사실'보다 '스토리', 전쟁의 내러티브 쟁탈전[79]

2022년 2월 러시아의 침공으로 시작된 러우 전쟁 초반, 절대적 군사 열세에 놓인 우크라이나가 러시아의 공격을 3년 이상 버틸 거라고 예상했던 사람은 거의 없었다. 당시 세계의 최대 관심사는 러시아가 얼마나 빠르게 우크라이나를 점령할 것인가였다.

한편, 전쟁 초반에는 전장 정보가 상당히 제한적으로 제공된다. 전장에 대한 접근이 쉽지 않기 때문이다. 국가 간의 전면전뿐만 아니라 사람들 간의 다툼이나 법적 분쟁도 마찬가지다. 사건 초기에는 진실의 실체가 명확히 드러나지 않는다. 전쟁이 시작된 직후에는 진실 여부를 확인하기 어려운 각종 정보가 사방에서 난무하게 된다.

국가 간에 전쟁이 벌어지거나 사람들 간에 싸움이 있을 때 사람들이 궁금해하는 것은 당연히 '사실'이다. 왜, 무엇 때문에, 어떻게 싸움이 시작된 것인지 알고 싶어 한다. 하지만 일부 정보가 공개되더라도 사람들은 만족하지 않는다. 사람들이 진짜 알고 싶은 것은 '스토리 story'인지도 모른다. 사람들은 단순히 싸움과 관련된 사실관계가 아니라, 그 사실들이 어떤 스토리를 만들어내는지에 더 관심이 있다.

오랫동안 남들이 부러워할 만큼 돈독한 우정을 과시했던 유명 연예인들이 서로 '손절'했다는 소식은 타블로이드 신문에 자주 보도되는 단골 뉴스다. 사람들은 단순히 결별 소식만으로는 충분한 정보를 얻었다고 느끼지 않는다. 왜 어떤 이유로 이들이 관계를 끊게 되었는지, 그 배경 스토리를 알고 싶어 한다. 이때 일반 팬들이 감정을 이입할 수 있는 강력한 스토리가 가미되면 이 소식은 더 많은 사람에게 전파되고 확산된다. 서로를 속이는 일이 있었다거나 다른 이성의 존재로 삼각관계가 있었다는 식의 극적인 요소, 곧 '배신자 내러티브'가 주어지면 이들의 깨진 우정이나 사랑 이야기는 한동안 대중의 뜨거운 관심 속에 놓인다.

특히 정보가 부족한 상황에서는 산발적으로 알게 되는 몇 몇 개별적인 사실보다 그 정보들이 형성하는 '내러티브'가 더 주목받는다. 내러티브가 공격 무기가 되는 인지전은 정확한 정보를 얻기 어려워 전투의 구체적인 진행 상황을 파악하기 힘든 전쟁 초반에 강한 영향력을 발휘한다. 구체적인 사실들이 충분히 밝혀지기 전에 강력한 메시지를 의도적으로 대량 발신하고 확산시키면 전쟁 초기엔 '우리 편의 사기'를 고취하고 적의 항전 의지를 꺾을 수 있기 때문이다. 군사적 위협의 강도와 규모를 과장하는 거짓 정보를 퍼뜨려 유리한 협상으로 이끌 수도 있다.

이때 '두려움'과 '공포'는 전쟁에서 적국의 즉각적인 감정과 행동 변화를 효과적으로 유발할 수 있는 강력한 인지전 전술로 활용된다. 전쟁 당사국이 아닌 제3국의 정부나 대중이 전쟁에 대해 두려움을 느끼게 만드는 것도 효과적이다. 이를 통해 제3국이 적국을 정치적으로 타협하도록 설득하게 만드는 데 유용하기 때문이다. 참전국이 아닌 제3국이 적국을 향해 강한 비판과 비난을 퍼붓는 것 역시 하나의 위협 전술로 활용될 수 있다.

2022년 2월 시작된 러우 전쟁 초반에는 모두가 러시아의 종국적인 승리를 의심하지 않는 상황이었다. 그러나 우크라이나와 서방은 러시아가 일으킨 전쟁을 '결국 패배할 전쟁[a]

failing war'으로 계속 묘사하며 인지전에 나섰다. 러시아가 "나토의 동진이 러시아의 도발을 초래했다"라는 입장을 내세운 것과 달리 우크라이나는 러시아의 행위를 '침공'이자 '러시아의 재앙'으로 규정했다. 이러한 인지전 내러티브는 우크라이나의 항전 의지를 고취하는 동시에 러시아 내부의 분열을 유도하고 정치적 압박을 가하기 위한 것이었다.

미국과 유럽의 군 및 정보기관도 우크라이나를 지원하며 인지전에 가담했다. 이들은 푸틴 대통령이 국내적으로 고립되어 나빠진 전황에 대한 정확한 정보와 올바른 조언을 듣지 못하고 있다고 강조했다. 서방은 푸틴이 러시아군의 실제 전투 상황을 정확히 파악하지 못하고 있고 세계적인 경제제재가 러시아 경제에 미치는 영향을 제대로 인식하지 못하고 있다고 분석하면서 이러한 사실을 부각시켰다.

서방의 이러한 인지전 내러티브는 러시아 내부의 결속을 약화시키는 효과를 노린 것이었다. 미국은 러시아군을 '진흙탕에 빠져 사기를 잃고 제대로 작전을 수행하지 못하는 엉망진창의 존재'로 묘사했고 러시아 내부에서 정치적 긴장이 고조되고 있음을 강조했다. 이렇게 러시아를 지속적으로 '망신시키는' 프레이밍을 활용한 것은 러시아 내부의 군, 관료집단, 정보기관 엘리트들 간의 불화를 유발하려는 인지전 전술이었다.

러시아의 경우, 이미 전쟁 전부터 우크라이나 침공을 정당화하기 위한 인지전 내러티브를 주도면밀하게 준비하고 지속적으로 유포해왔다. 전쟁 직전 우크라이나 국경에 대규모 중무장 병력을 이동시키면서도 전쟁을 계획하지 않는다고 주장하거나 서방이 러시아의 요구를 수용하지 않으면 유럽의 안보가 위태로워질 것이라고 위협한 것은, 우크라이나와 서방의 전쟁에 대한 대응과 의사결정을 지연시키고 우크라이나 내부 여론을 분열시키려는 '가짜 깃발 작전false flag operation'의 일환이었다.

러시아는 또한 우크라이나 침공에 앞서 "우크라이나가 먼저 도발했다", "우크라이나가 병원과 민간인을 무차별적으로 폭격했다", "러시아는 파시스트나 네오나치neo-Nazis로부터 우크라이나 시민을 해방시키려 한다"는 주장을 내세우며, 우크라이나 정부의 정치적 정당성을 공격하는 동시에 혐오를 조장해 민간 학살을 정당화하려 했다. 러시아의 관영매체나 정부와 연계된 미디어들은 "미국이 우크라이나에서 은밀히 생물무기 연구를 후원하고 있다"는 주장을 퍼뜨리며, "biological"이라는 단어를 한 주에 600회 이상 트윗하는 등 이러한 내러티브를 적극적으로 확산시키기도 했다.

침략자의 유혹적인 평화 각본과 약자의 반격

러시아는 우크라이나와 비교하면 압도적인 강대국이다. 러시아는 2014년 우크라이나를 쉽게 침공하고 크림반도를 합병했던 승리의 달콤함을 2022년에도 맛볼 수 있으리라 기대했을 것이다. 그러나 실제 전쟁은 그리 단순한 것이 아니다. 작전을 수행하는 싸움은 극도로 소모적일 뿐만 아니라 상대가 예상보다 쉽게 굴복하지 않을 경우, 더 많은 시간과 자원이 소요된다. 따라서 공격을 감행하기 전에 상대에게 미리 좌절감을 심어주고, 만약 저항할 경우 감당하기 어려운 대가를 치르게 될 거라는 인식을 심어주는 것은 공격자가 반드시 취하는 전술이다. 상대가 싸우기보다 요구를 받아들이도록 유도하는 것이 전쟁을 준비하는 측의 전략적 접근법이다.

약자의 입장에서 강자의 요구는 거부하기 어렵고 평화는 대단히 유혹적이다. 이에 맞설 경우 무자비한 공격이 따를 것이 분명하기 때문이다. 그러나 약자가 종종 간과하는 사실이 있다. 강자의 입장에서도 약자가 맞서 싸우는 일은 극히 드문 일이기 때문에 오히려 심리적 충격을 받을 수 있다는 점이다.

여하튼 러시아는 우크라이나를 침공하기 전에 치밀한 내러티브를 준비했고, 이를 우크라이나와 국제사회에 반복해서 집요하게 전파했다. 2021년 7월 푸틴 대통령은 '러시아와 우크라이나의 역사적 통일'이라는 제목의 성명을 발표했다. 이 성명에서 그는 "근대 우크라이나는 온전히 소련의 산물"이라며 "우크라이나의 현재 지도자들은 독립을 합리화하기 위해 이러한 과거를 부인하기로 결정했다"고 주장했다. 푸틴은 또한 "우크라이나의 진정한 주권은 오직 러시아와의 파트너십을 통해서만 가능하다"라고 강조했다. 이후 2021년 가을부터 러시아는 본격적으로 군사훈련과 병력이동을 진행하며 다양한 침공 명분을 쌓아가기 시작했다.

러시아는 "우크라이나를 나치 세력으로부터 해방해야 한다"라는 주장을 내세우며, 우크라이나 동남부의 러시아계 주민들을 대상으로 대대적인 선전전을 펼쳤다. 그들은 "우크라이나 정부는 미국의 꼭두각시"라며 "서방의 이간질로 인해 러시아와 형제 국가인 우크라이나와의 관계가 악화되었다" 등의 내러티브를 반복적으로 퍼뜨렸다. 이를 통해 우크라이나 현지인의 저항을 약화시키고 동시에 국제사회의 동조를 얻기 위한 여론을 조성하려 했다.

러시아는 우크라이나 동부에 주둔한 나토 병력 1만 명이 러시아어를 사용하는 우크라이나인들을 인종 학살하기 위한 것이라고도 주장했다. 서구가 확산시키는 '루소포비아 Russophobia, 러시아 혐오주의'가 바로 그러한 시도의 일환이라고 강조했다. 전쟁이 발발하자, 러시아는 우크라이나가 독립적으로 존립할 수 없으며, 러시아의 우크라이나 영토 진입은 자국 방위 차원에서 이루어지는 제한적인 군사작전이라고 주장했다. 러시아는 자신들이 우크라이나 동부 분쟁에 개입한 적이 없고, 오히려 나치와 연계된 미군이 먼저 우크라이나에서 전쟁을 시작했다고 주장하기까지 했다. 아울러 러시아는 나치화된 우크라이나를 해방할 것이며 우크라이나와 협상할 준비가 되어 있다고 밝힌 바 있다.

개전 이후에도 러시아는 여러 차례 우크라이나에 평화협상을 제안했다. 그러나 문제는 우크라이나가 오랫동안 러시아의 수많은 거짓말에 속아왔다는 점이다. 설령 우크라이나가 휴전을 원하더라도 러시아를 신뢰하지 않기 때문에 이를 받아들이지 못하고 있다는 것이다. 우크라이나인들 사이에는 "휴전하면 무슨 소용인가? 다시 우리를 속이고 침공할 텐데"라는 불신이 깊이 자리 잡고 있다. 이는 2014년 러시아와 우크라이나가 양국이 지원하는 반군 간의 전쟁을 종식하기 위해 체결한 '민스크 협정'을 러시아가 위반하고 8년 만에 다시 우크라이나를 침공한 전례 때문이기도 하다.

재선에 성공한 트럼프 대통령은 러시아를 옹호하며 우크라이나의 항복을 요구했고, 젤렌스키 대통령은 그를 독재자라고 부르는 트럼프의 비아냥과 언어적 공격을 미국에서 열린 정상회담에서 직접 경험해야 했다. 2025년 2월 28일, 미국 백악관에서 열린 회담에서 젤렌스키 대통령은 끝까지 항전 의지를 굽히지 않았고, 결국 트럼프 대통령과 격렬한 언쟁을 벌였다. 이 장면은 전 세계에 생중계되며 사상 최악의 무례한 외교적 충돌로 기록되었다. 그러나 젤렌스키 대통령은 자신의 입장을 고수할 경우, 트럼프 대통령이 어떤 반응을 보일지 충분히 예상했던 게 아닐까? 혹시 그는 유럽의 추가적인 지원을 끌어내기 위해 인지전의 달인답게 이 상황을 의도적으로 연출한 건 아니었을까?

붓의 전쟁[80]

    2023년 10월 하마스의 이스라엘 침공으로 시작된 이스라엘-하마스 전쟁에서의 인지전은 시간이 지나면서 극적인 변화를 보였다. 초기에는 하마스 공격의 일방적 피해자로서 국제사회의 지지를 받았던 이스라엘이 전쟁이 장기화하자 오히려 국제사회의 비판에 직면하게 되었다. 이러한 변화에는 두 가지 요인이 작용했다. 첫째, 이스라엘의 가자지구 난민촌 공습으로 인해 민간인 사상자가 급증했다. 둘째, 하마스와 팔레스타인을 지원하는 이란, 러시아, 중국 등이 하마스의 인지전을 지원하면서 국제여론에 지대한 영향을 주었다. 특히 주목할 점은 가자지구 내 정보 접근의 제한성이다. 하마스가

가자지구를 통제하는 상황에서 전장 정보에 대한 접근은 극도로 제한되었다. 이로 인해 가자지구 현지인들이 인터넷과 소셜미디어에 직접 게재하는 정보와 인공위성을 통해 촬영된 사진만이 외부 세계가 접할 수 있는 유일한 정보원이었다. 이처럼 제한된 정보환경 속에서 양측의 전략적 커뮤니케이션이 국제여론 형성에 결정적 역할을 하게 되었으며, 이는 현대 분쟁에서 인지전의 중요성을 다시 한번 보여주었다.

이러한 상황에서 하마스는 텔레그램, X, 틱톡 등 소셜미디어 플랫폼에 전쟁 상황에 관한 다양한 사진과 영상을 대규모로 신속하게 올렸다. 하마스가 전파한 정보와 내러티브의 규모는 이스라엘이 제공하는 정보량을 압도했으며, 이는 곧 더 많은 정보가 더 많은 대중에게 도달할 가능성을 의미했다. 정보의 규모는 청중의 크기와 직결되기 때문에, 하마스의 전략은 국제여론 형성에 상당한 영향력을 행사했다. 특히 중동지역에서 가장 강력한 디지털 프로파간다 역량을 보유한 이란은 하마스의 편에 서서 이스라엘에 대항하는 사이버 인지전을 사실상 주도하다시피 했다.

정보작전 역량이 세계 최고 수준인 이스라엘도 국가 차원에서 동원할 수 있는 거의 모든 정보작전 시스템을 가동했다. 이스라엘 정부는 개전과 동시에 플랫폼 업체에 광고비를 지불하고 하마스 공습으로 인한 이스라엘 인명 피해 상황을 신속하게 알렸다. 전쟁 초반에는 이스라엘이 발신하는 메시지가 특히 유럽을 대상으로 공세적으로 전파되었다. 그러나 시간이 지나면서 상황은 점점 변화했다. 하마스를 지지하는 소셜미디어 메시지가 콘텐츠의 규모와 전파 속도 측면에서 이스라엘을 압도하기 시작했다. 〈더 이코노미스트The Economist〉가 AI 분석 프로그램을 활용해 수행한 소셜미디어 콘텐츠 조사 결과에 따르면, 전쟁이 시작된 2023년 10월 7일부터 약 2주간 인스타그램, X, 유튜브 등에서 친이스라엘 게시글보다 친팔레스타인 게시글이 4배 많은 것으로 나타났다. 주목할 만한 점은 하마스가 사용하는 텔레그램 채널의 구독자 수가 전쟁 전과 비교해 개전 직후 급증했다는 사실이다. 이유가 무엇이었을까?

팔레스타인의 무장 정파 하마스의 인지전이 체계적인 정보작전 및 전략 커뮤니케이션 역량을 갖춘 이스라엘의 국가 주도 인지전을 압도한 데에는 여러 가지 요인이 복합적으로 작용했을 것이다.

우선, 하마스는 인공지능 봇 계정을 더욱 공세적으로 활용했다. 둘째, 이란을 비롯해 팔레스타인을 지지하는 중동권의 협공이 상당한 영향력을 더했다. 이들 국가의 디지털 프로파간다 역량이 하마스의 메시지 전파를 도와 시너지 효과를 발휘했다. 셋째, 하마스는 이스라엘 사람들에 대한 잔인하고 폭력적이고 자극적인 콘텐츠를 일부러 더 적극적으로 게시했다. 이런 충격적 정보는 그 자체로 호기심을 자극했고 더 많은 뷰어를 끌어들이는 데 유리하게 작용했을 것이다.

현대 인지전의 승패는 인공지능 알고리즘을 기반으로 한 봇bots에 의해 전개되는 속도전에 좌우되기 쉽다. 누가 더 빠르게, 더 많은 청중에게 메시지를 전달하느냐가 인지전의 결과를 결정짓는 핵심 요소가 된다는 얘기다. 이스라엘 IT 보안 업체 사이아브라Cyabra가 페이스북, X, 인스타그램, 틱톡 등에 게시된 200만 개의 게시물을 분석한 결과, 개전 이틀 만에 하마스를 지지하는 게시물이 31만 건 이상 올라온 것으로 나타났다. 이는 단 몇 분 간격으로 새로운 게시물이 계속 업로드되었으며, 거의 실시간으로 콘텐츠가 생성되고 있음을 의미한다. 예를 들어, 'Muhammad Taha'라는 계정은 단 이틀 만에 616개의 게시물을 작성했다. 이 같은 게시 속도를 고려할 때, 해당 계정은 알고리즘을 활용한 봇 계정일 가능성이 크다.[81]

하마스를 지지하는 가짜 계정이나 봇 계정들은 #IStandWithIsrael, #Israel과 같은 해시태그를 함께 사용해 친이스라엘 성향의 사용자들에게도 정보를 더욱 적극적으로 전파했다. 그 결과, 이러한 계정들은 개전 후 단 이틀 만에 5억 3천만 뷰어를 확보했다. 또한, 개전 직후 하마스를 지지하는 소셜미디어 계정 4개 중 1개는 봇 계정으로 분석되었으며, 당시 약 4만 개의 가짜 봇 계정이 활발히 활동하고 있었다. 이는 하마스가 이미 개전 전에 소셜미디어 플랫폼에서 전개할 인지전을 기술적으로 준비해 왔음을 말해준다.

2023년 10월 16일부터 23일까지 팔레스타인을 지지하는 #StandWithPalestine과 이스라엘을 지지하는 #StandWithIsrael 해시태그의 팔로워 수는 비슷한 수준이었다. 그러나 10월 23일부터 30일 사이, 팔레스타인을 지지하는 팔로워 수가 이스라엘 지지 팔로워 수의 4배 이상 증가하기 시작했다. 같은 기간 팔레스타인 지지 계정의 게시물 수는 21만 건으로 폭증했고, 반면 이스라엘 지지 계정의 게시물 수는 1만 7천 건으로 나타나 12배 차이를 보였다. 이러한 상황은 현대 소셜미디어 공간에서 일어나는 인지전이 사실상 봇에 의해 주도되고 있음을 보여주는 대목이다.

한편, 러우 전쟁의 인지전에서는 우크라이나가 서방의 지원으로 러시아보다 우위에 있는 것으로 보인다. 서방은 민감한 전황 정보와 러시아 군사정보를 선제적으로 제공함으로써 우크라이나가 발신하는 정보와 내러티브의 설득력을 높였으며, 전장에서 우크라이나가 러시아보다 정보 우위를 확보하는 데 크게 기여했다. 인터넷과 소셜미디어 플랫폼을 서방 IT 기업들이 사실상 독점하고 있다는 점도 우크라이나에 유리하게 작용했다. 러시아는 전시 인지전에서 자신들의 내러티브를 확산하는 데 기술적으로 불리한 환경에 처할 수밖에 없었다. 메타와 구글은 Russia Today(RT), Sputnik, TASS 등 러시아 관영매체의 페이지를 폐쇄하고, 관련 애플리케이션 업데이트를 차단함으로써 러시아발 내러티브가 사이버 공간에서 확산되는 것을 효과적으로 차단했기 때문이다.

인지전에서 이렇게 봇 활동이 급증하는 현상은 전쟁 관련 콘텐츠를 금전적 이익을 위한 수단으로 악용하는 움직임과도 밀접한 관련이 있다. 이번 이스라엘-하마스 전쟁에서는 소셜미디어 X에서 '믿을 수 있는 계정'으로 분류된 사용자 중 일부가 공개출처정보Open Source Intelligence를 뜻하는 'OSINT'라는 용어를 사용해 전쟁 관련 허위정보, 허위조작정보를 무차별적으로 확산시키는 사례가 대거 발견되고 있다. 그 결과, 이스라엘-하마스 전쟁과 관련된 소셜미디어 정보에 대한 신뢰성이 심각하게 떨어지고 있는 것도 사실이다. 소셜미디어 계정들이 전쟁 관련 정보를 활발하게 확산하는 의도가 금전적 이익을 노린 것인지, 혹은 정치적 목적을 위한 것인지 쉽게 구분하기가 더 어려워지고 있다. 분명한 것은 각국의 사회 혼란이나 전쟁 자체가 허위조작정보의 유포를 활성화하는 정보환경을 만들고 있고, 동시에 이러한 환경은 혼란스러운 상황을 몇 배로 복잡하게 만들고 있다는 점이다.

시위를 숨기는 섹스봇

2019년 말 코로나19 바이러스 감염병이 중국 우한에서 부터 시작되었을 때, 중국 정부는 바이러스 확산을 차단하기 위한 강력한 방역 정책을 단행했다. 이 정책은 2020년 1월 23일 우한을 포함하여 후베이성 내 여러 도시에서부터 시작해 이후 15개 도시로 확대됐다. 이 조치로 여행이 금지되었고, 한 가구당 이틀에 한 명만 외출이 허용되었으며, 해당 도시의 고속도로 출구는 모두 폐쇄되었다. 팬데믹이 2년을 넘기던 2022년 3월, 오미크론 변이에 의한 감염 확산으로 인해 상하이에서도 중국의 '제로 코로나 정책'에 따른 봉쇄가 대대적으로 이루어졌다. 이에 따라 상하이의 모든 대중교통 운행이 중단되었으며, 드론과 로봇이 시내에서 시민들의 이동을 감시하며 봉쇄를 강화했다. 정부의 식량 배급에도 불구하고 필수품 부족 현상이 발생했고, 시민들은 물물 교환에 나설 정도로 어려움을 겪었다.

이처럼 3년간 이어진 봉쇄정책에 대한 불만이 누적되면서, 2022년 11월부터 중국 전역에서 대규모 '백지 시위白紙運動, White Paper Protests'가 일어났다. 사회통제와 검열이 철저한 권위주의 국가라도 정부 정책을 비판하거나 정치적 의사결정 과정에 참여하려는 사회적 움직임은 필연적으로 나타날 수밖에 없다. 중국 시민들도 정부의 봉쇄정책에 항의하며 피켓 대신 빈 종이를 들고 거리로 나왔다. 당시 신장 위구르 자치구의 수도 우루무치에서 발생한 아파트 화재가 시위의 도화선이었는데, 고강도 방역 정책에 따라 설치된 장치들로 인해 화재 진압이 지연되면서 많은 시민이 희생되었고, 이에 분노한 사람들이 시위에 나섰던 바 있다.

중국 시민들은 백지를 들고 "우리는 자유를 원한다"라고 외쳤고, 시위대는 금기로 여겨진 "시진핑 하야", "공산당 물러나라" 등을 외치기도 했다. 백지 시위는 수많은 사람이 학살당한 천안문 사태 이후 처음으로 대규모 시민들이 참여한 충격적인 사건이었다. 시민들은 거리나 지하철에서 경찰들로부터 휴대전화를 검열당했고, 시위에 참여한 시민들은 색출되어 죄명이 적혀 있지 않은 체포영장에 서명하고 어딘지도 모르는 수감장소로 연행됐다.

이러한 사태가 중국 전역으로 퍼지고 해외에 알려지는 것을 경계한 중국 정부는 시위 장면이 트위터에 퍼지는 것을 차단하기 위해 SNS 게시물을 광범위하게 검열했다. 그러나 시위 참여자들은 트위터 등에 해시태그hashtag, #를 달아 시위 현장 사진과 영상을 공유했고, 이로 인해 국제사회의 관심이 집중되었다.

중국 정부는 당시 백지 시위가 코로나19 확산을 오히려 부추긴다고 비난하며 관련 콘텐츠를 중국 내 인터넷에서 철저히 차단했고, 정부의 방역 정책을 비판한 1,120개의 SNS 계정을 모두 폐쇄 조치했다. 이와 함께 중국 정부는 매우 효과적인 소셜미디어 통제 전략을 활용했는데, 그중 하나가 바로 '섹스봇sex bots'이었다. 시위와 관련된 콘텐츠가 도시 이름을 해시태그로 달아 공유되자 중국 정부는 동일한 해시태그를 활용해 사용자들을 엉뚱한 콘텐츠로 유도했다. 시위 관련 해시태그는 포르노, 매춘, 도박과 같은 스팸 계정과 연결되었고, 이러한 성인물 콘텐츠가 시위 관련 정보를 압도하는 현상이 벌어졌던 일이다.[82]

정치 이야기가 싫은 딥시크

중국은 2024년 말 오픈AI의 챗GPT에 도전장을 내밀며 인공지능 챗봇 딥시크Deep Seek를 선보여 세계를 깜짝 놀라게 했다. 성능이 뛰어난 것은 물론 개발에 들어간 비용이 미국의 빅테크 기업들과 비교하면 현저히 적게 들었기 때문이다. 고가의 반도체를 사용하지 않고도 뛰어난 성능을 보일 수 있다는 사실에 빅테크 기업들의 주가가 떨어지는 일도 있었다.

그런데 이렇게 주목받고 있는 딥시크는 중국 정부가 민감하게 여기는 질문에는 답변을 회피한다. "시진핑은 어떤 사람인가?", "1962년 중국과 인도의 국경 전쟁에 대해 알려달라.", "중국은 소셜미디어를 검열하는가?", "1989년 천안문에서 무슨 일이 일어났는가?" 같은 질문에는 대답하지 않는다. 또 대만 문제에 대해 질문하면 중국 정부의 공식 입장을 그대로 전해주고, 위구르족 탄압과 관련된 질문에는 "서구가 퍼뜨린 잘못된 소문"이라며 일축한다.

이런 점을 고려하면, 딥시크는 사용자에게 다양한 정보와 지식을 제공하기도 하지만, 동시에 중국 정부가 원하는 세계관과 가치, 이념을 주입하는 국가 프로파간다 도구의 역할도 하고 있는 셈이다. 게다가 딥시크는 광범위한 개인정보 수집 문제로 한국을 비롯해 호주, 일본, 대만, 이탈리아 등 여러 국가에서 사용이 제한되고 있다. 2025년 2월 12일 미국 하원은 정부 기기에서 '딥시크 사용을 금지하는 법안No DeepSeek on Government Devices Act'을 발의했다. 이어서 2월 28일 미 상원에서도 딥시크가 미국인을 감시하고 허위조작정보를 유포하는 데 악용될 가능성을 우려하며 초당적으로 사용 금지 법안을 발의했다.

미국은 왜 딥시크가 수집하는 개인정보가 미국의 안보를 위협할 수 있다고 판단한 것일까? 제3자에게 정보를 제공할 경우, 데이터 처리 방식과 수집 목적을 사용자에게 명확히 알리고 동의를 받아야만 한다. 그러나 미국의 IT 보안업체가 딥시크 코드를 분석한 결과, 딥시크가 사용자 개인정보를 무단으로 중국 소셜미디어 플랫폼 틱톡의 모회사인 바이트댄스 Bytedance에 전송하는 기능을 숨기고 있다는 사실이 밝혀졌다. 딥시크는 또한 사용자의 키보드 입력 패턴 정보까지 수집하는 것으로 드러났는데, 이러한 정보는 사용자 비밀번호를 알아내는 데 악용될 가능성이 있다.

중국의 데이터 보안법에 따르면, 정부가 국가 안보 차원에서 데이터 제공을 요구하면 기업은 지체하지 말고 곧바로 응해야 한다. 이 때문에 국제사회는 중국 정부가 사용자 개인정보 보호에 관심이 없고, 이를 악용할 가능성이 크다고 우려하는 것이다. 딥시크의 데이터 처리 방식은 단순한 AI 서비스가 아니라 중국 당국이 원하는 검열과 정보통제를 대신 수행하는 도구가 될 수도 있기 때문이다. 더 나아가 딥시크가 특정 개인을 식별하거나 첩보 활동에 활용될 가능성도 생각해볼수 있다. 앞으로 딥시크 성능이 인공지능 챗봇 가운데 가장 월등해진다고 하더라도 자신의 개인정보가 무단으로 중국 정부에 넘어가고 비밀번호 추론 등을 통해 개인 PC가 해킹당할 위험을 감수하면서까지 사람들이 딥시크를 사용할 수 있을까?

기술을 선택하는 것은 단순히 그 기술의 우수성을 판단하는 것이 아니라 그 기술을 만든 주체의 정책, 책임감, 도덕성, 철학까지도 선택하는 것이다. 챗GPT를 사용할지, 아니면 딥시크를 사용할지 결정하는 것은 더 나은 서비스를 선택하는 차원의 문제만은 아닐 수 있다. 어떤 기술을 선택하느냐는 그 기술이 만들어진 국가가 나의 민감한 개인정보를 다른 국가에 제공할 것인지를 판단하는 일이기도 하다. 따라서 민주주의 국가와 권위주의 국가, 서로 다른 정치체제에서 개발된 기술들은 정치적으로는 상당히 호환성이 떨어진다. 민주주의 국가와 권위주의 국가가 기술로부터 얻어진 데이터와 데이터 분석 결과를 처리하고 다루는 방식이 다르기 때문이다.

뇌를 공격하는 웨어러블 기기

인지전은 적으로 설정한 상대방의 정치지도자들과 군 지휘부의 의사결정 체계를 무너뜨리려는 목적으로 전개되기 때문에 궁극적으로 인간의 '뇌'에 대한 공격을 추구하게 된다. 현재 인지전에서는 허위조작정보, 가짜뉴스와 같은 '정보'나 '내러티브'가 주요 공격 수단으로 사용되고 있으나, 이러한 정보나 메시지를 무기로 사용하지 않고 직접 뇌 자체에 대한 공격에 초점을 둘 수도 있다는 얘기다. 어쩌면 미래의 인지전은 인간의 사고에 영향을 끼치기보다는 곧바로 인간의 뇌 기능을 망가뜨리는 데 초점을 맞출지도 모른다.

이처럼 인지전이 뇌에 대한 공격을 추구함에 따라 현대

뇌과학은 첨단 병기의 결정력도 좌우할 수 있는 분야로 여겨지고 있다. 지금 전개되는 소셜미디어를 통한 내러티브 공격은 텍스트, 이미지, 영상 등 구체적인 정보를 활용해 이루어진다. 그러나 미래의 인지 공격은 뇌에 대한 '보이지 않는' 은밀한 공격으로 발전할 것이다. 뇌과학의 발전으로 인간의 행동은 심리적 차원의 설명을 넘어 뇌의 메커니즘으로 해석되고 있다. 앞서 살펴보았듯이, 인간이 슬픔, 기쁨, 분노, 사랑과 같은 감정을 경험할 때 어떤 뇌 부위가 활성화되고 뇌파가 어떻게 변화하는지 직접 관찰하고 실증적으로 설명할 수 있게 된 것은 앞으로 뇌 공격을 통해 인간의 특정 행동을 유발하려는 작전이 세워질 수 있음을 의미하기도 한다.

인지전 차원에서 설명하자면, 사람이 특정 생각이나 행동을 할 때 나타나는 뇌파를 전기신호로 변환하여 인공지능으로 분석하고, 그 분석 결과를 활용해 특정 개인이나 그룹의 뇌파를 다양한 방식으로 공격하는 일이 가능해질 수 있다는 것이다. 다시 말해, 공격 대상의 뇌파에 영향을 주어 그들의 감정 상태를 바꾸고, 변화된 기분으로 특정 행위를 유발하는 것이 시도될지도 모른다.

예를 들어, 아주 중요한 공중 비행훈련이나 군사작전을 앞둔 조종사나 부대원이 해킹된 스마트폰을 통해 충격적인 메시지를 받는다고 생각해보자. 어린 자식이 납치당했다는 소식, 자신이 조종해야 할 전투기가 GPS 교란을 겪을 것이라는 음모론, 은밀한 개인정보가 뉴스에 보도되었다는 소식, 또는 군사 기밀을 유출했다는 누명 등 심리적으로 극도의 불안을 느낄 메시지를 받게 되면 어떻게 될까? 조종사의 조종 능력에 심각한 영향을 미칠 수 있음을 쉽게 짐작해볼 수 있다.

상상할 수 있는 시나리오는 무궁무진하다. 심장병 가족력이 있는 유명 정치인의 스마트워치가 해킹되어 마치 심장발작이 임박한 것으로 표시된다고 가정해보자. 만약 해당 정치인이 최근 건강 상태가 좋지 않고 극심한 스트레스를 받는 상황에서 자기 육체가 위험에 처했다고 믿게 된다면, 갑작스러운 두려움으로 인해 심장 박동이 급격히 빨라질 수 있으며, 심지어 실제 발작으로 이어질 수도 있다. 이런 상황에서 그 정치인이 마침 자율주행차량에 탑승해 있다고 치자. 그리고 알 수 없는 사이버 공격으로 자율주행차량이 갑자기 교통신호를 무시한 채 위험한 속도로 거리를 질주하다가 교통사고로 사망했다고 가정해보자. 정치인이 착용한 스마트워치에는 그가 단순히 심장발작을 일으킨 것으로 기록되어 있을 것이다. 스마트워치 해킹 사실이 사고 경위 조사 과정에서 확인되지 않는다면, 정치인의 사망 원인을 정확히 밝혀내기는 어려울 것이다.

　뇌과학이 발전하면 발전할수록 인지전 연구는 신경 기술을 통한 인간의 인지능력 강화를 넘어 뇌파로 무기를 조종하는 BMI 기술과 신경 무기neuro-weapon 개발에 집중하게 될 수도 있다. 공격 대상을 인지하는 즉시 뇌파를 통해 즉각적으로 공격할 수 있는 기술이 개발된다면 아마 그러한 뇌파의 움직임을 동시에 감지하는 기술이 개발되지 않는 한 공격 대상이 된 사람이나 무기는 방어의 기회조차 없을 것이다. 이는 마치 인공지능 기술을 통한 사이버 공격 시, AI 방어 시스템이 없는 네트워크가 그 공격을 감지하거나 차단할 수 없는 상황과 유사하다. 우리가 인식하지 못하는 사이에 인간의 뇌가 직접적인 전장battlefield이 될 수 있다는 사실을 명심해야 한다.

슈퍼 솔저와 바이오 무기

뇌과학과 인공지능 기술을 접목한 군사기술은 '아직은' 적군의 뇌를 직접 공격하는 인지 공격보다는 아군의 인지능력을 강화하는 데 집중되고 있다. 이를 통해 슈퍼 솔저 Supersoldiers 개발이 이루어지고 있고, 인공지능 기술이 적용된 다양한 첨단 장비들도 속속 등장하고 있다. 착용하거나 입을 수 있는 기계 골격인 엑소스켈리톤Exoskeleton, 뇌-기계 인터페이스Brain-Machine Interface, BMI, 야간 투시 장비Night Vision, 생체 모니터링 기기Biometric Monitoring Devices, GPS 및 통신 기능, 생체공학 기술이 접목된 웨어러블 기기 등이 점점 더 정교하게 발전하고 있다.

예를 들어, 미국 국방부는 마이크로소프트와 계약을 체결하고 'IVASIntegrated Visual Augmentation System'라는 증강현실AR 기술이 적용된 스마트 헬멧을 개발하고 있다. 이 기술의 핵심은 현실 영상과 컴퓨터가 생성한 영상을 혼합하여 보여주는 것이다. 또 세계 7위의 방산 업체인 영국의 'BAE Systems'가 개발한 전투기 조종사용 스마트 헬멧 'Striker II'는 조종사에게 실시간으로 표적 정보를 제공하여 야간이나 저조도 환경에서도 신속한 의사결정을 할 수 있게 돕는 효과가 있는 것으로 평가되고 있다. 미국 기업 퀘이크테크놀로지Qwake Technologies는 화재 현장에서 소방관의 경로 탐색과 협업을 지원할 수 있는 스마트 헬멧 'C-THRU'를 개발하기도 했다.

이처럼 웨어러블 기기는 이미 국방과 소방 분야에서 빠르게 활용되고 있다. 국내에서도 한국전자통신연구원이 현장 소방대원의 안전을 확보하고 신속한 구조·구급 활동을 지원하기 위해 스마트 헬멧을 개발한 바 있다. 이 헬멧은 GPS와 생체신호 정보를 통합하여 대원의 위치를 실시간으로 파악하며, 비정상적인 생체신호가 감지되면 곧바로 지원을 받을 수 있도록 설계되었다. 이탈리아에서는 코로나19 팬데믹 당시 감염 가능성이 있는 사람을 식별하기 위해 중국에서 개발된 'KC Wearable' 헬멧을 착용한 사례가 있다. 중국에서 광범위하게 사용되었던 이 헬멧은 열 카메라를 장착해 한 번에 최대 13명, 1분 동안 200명의 체온을 96%의 정확도로 측정할 수 있다. 이렇게 스마트 헬멧은 사회감시나 치안에도 광범위하게 사용될 수 있다.

그리고 이러한 기능들이 더 막강해진 웨어러블 기기를 착용한 슈퍼 솔저의 등장도 떠올려볼 수 있다. '슈퍼 솔저'들은 소설이나 영화 속 초능력 영웅들처럼 시력과 청력을 높이는 장치를 착용하는 것은 물론 뇌에 이식된 칩을 통해 작전환경에 대한 정보를 실시간으로 받아 인지능력을 극대화할 것이다. 뇌파를 이용해 다른 군인과 직접 통신하거나 드론을 조종할 수도 있으며, 팔과 다리에 이식된 나노 입자 혈청을 통해 지구력과 근력이 향상되고, 피로로부터 회복되는 속도도 빨라질 것이다. 이뿐만 아니라 웨어러블 기기가 뇌파를 분석해 우울감이나 불안, 두려움을 감지하면 뇌의 특정 부위를 자극하여 군인의 심리 상태를 정상적으로 유지할 수 있도록 적절한 조치를 하는 것도 가능할 것이다.

슈퍼 솔저 프로젝트에는 유전자 조작 기술이 도입될 가능성도 있다. 2020년 노벨상을 받은 '크리스퍼CRISPR' 유전자 가위 기술은 유전정보를 담고 있는 염기서열을 교정하여 유전질환을 치료하기 위해 개발되었다. 실제로 2024년 3월 네덜란드 암스테르담 UMC 연구팀은 유전자가위 기술을 활용해 후천성면역결핍증인 에이즈AIDS를 유발하는 인체면역결핍바이러스HIV를 DNA에서 완전히 제거하는 데 성공했다. 아직 사람에게 직접 적용된 치료는 아니지만, 유전자 교정 기술은 점점 현실화되고 있다. 생전의 스티븐 호킹Stephen Hawking 박사는 이러한 유전자 기술이 인간의 지능과 본능까지 조작하여 '슈퍼 인간'을 만드는 데 활용될 가능성을 우려한 바 있다. 유전자 조작 기술이 슈퍼 솔저 프로젝트에 적용될 경우, 심각한 윤리 문제가 제기될 수 있기 때문이다.

2021년 7월 로이터통신의 보도에 따르면, 중국의 유전자 분석 기업 BGIBeijing Genome Institute는 태아의 기형 여부를 진단하는 'NIFTY' 산전 검사 서비스를 제공하여 얻게 된 전 세계 800만 명의 산모와 태아의 국적, 신체와 유전자 정보를 중국 군과 공유했다.[83] 이러한 중국군과 의료계의 유전자 연구 협력은 중국이 유전자 기술을 슈퍼 솔저 개발이나 특정 인종을 대상으로 한 치명적인 생화학무기 제작에 악용할 수 있다는 우려를 불러일으킨 배경이다.

이에 따라 미국 하원은 바이든 행정부 시절인 2024년 중국 바이오 기업 'WuXi AppTec'와 'BGI'가 미국 기업과 비즈니스 관계를 맺는 것 등을 금지하는 '바이오안보법Biosecure Act'

을 통과시킨 바 있다. 이는 중국이 미국인의 의료 및 유전자 정보를 악용하는 것을 방지하고, 미국 의료산업의 공급망을 보호하려는 조치다. 유전자 정보, 뇌파 정보 등 생체정보는 인공지능을 활용한 빅데이터 분석을 거쳐 해당 정보만으로도 개인의 성향이나 특정 환경에서의 행동 패턴까지 예측하는 방향으로 고도화되고 있기 때문이다.

앞으로 유전자 정보가 더 쌓일수록 신약 개발에 활용될 수도 있겠지만, 반대로 특정 인종의 취약성을 공격하는 치명적인 바이오 무기를 개발하는 데 악용될 가능성도 없지 않다. 특히 현대인들은 헬스케어 앱을 이용해 자신의 컨디션, 수면 패턴, 운동 빈도, 질병 이력, 유전자 정보 등을 기록하고 관리하고 있는데 이런 의료 데이터를 수집하는 플랫폼 기업들이 개인의 민감 정보를 무단으로 활용하거나 악용할 우려도 존재한다. 더욱이 고위 정치인이나 정부 관료의 의료정보가 적국으로 유출될 경우, 협박 수단이 되거나 생물무기를 이용한 요인 암살과 테러에 악용될 위험도 있다. 이들이 병원에서 치료나 수술을 받는 과정에서 의료정보가 유출되고 테러에 이용되는 아주 극단적인 시나리오까지 생각해봐야 한다.

해킹된 내비게이션,
존재하지 않는 도시의 이상한 지도

인공지능 기술은 모의 군사훈련이나 시뮬레이션을 위한 가상의 작전환경 조성 등 다양한 목적으로 활용될 수 있다. 그러나 우려되는 문제는 실제로 비행기가 공중을 비행하거나 군이 작전을 수행하는 상황에서 내비게이션 시스템이 해킹당해 잘못된 지도를 사용하게 되는 경우다. 딥페이크 기술로 도시환경을 완전히 바꾼 사진이나 영상을 만든 사례는 이미 있다. 만약 테러를 목적으로 조작된 지도 정보를 활용해 항공 사고를 유발하거나 적국의 군사작전이 실패하도록 유도할 수 있다면, 공격자는 단 하나의 무기도 사용하지 않고 치명적인 공격을 감행할 수 있게 된다. 단순히 통신이나 GPS 신호를 교란하는 수준이 아니라 해커가 특정인의 스마트폰, 차량, 혹은 여객기의 조종 시스템을 해킹해 조작된 내비게이션 앱을 사용하도록 만들었다고 가정해보자. 조작된 지도는 목적지를 입력했을 때 운전자가 의도한 목적지 대신 예상치 못한 위험 지역으로 유도하거나 길이 없는 낭떠러지로 안내함으로써 치명적인 사고를 유발할 수 있게 된다.

존재하지 않는 장소나 잘못된 위치를 실제 목적지인 것처럼 착각하게 만드는 것을 '장소 스푸핑location spoofing'이라고 한다. 가령, 지방이나 해외 출장을 가서 스마트폰 내비게이션 앱을 따라 특정 기업의 사무실을 방문하려 한다고 가정해보자. 그러나 앱이 조작되어 엉뚱한 장소로 안내되고, 그곳이 불법 도박장이 운영되는 건물이었다면 어떻게 될까? 마침 경찰 검문이 이루어지는 순간, 당신이 그곳에 들어서는 상황을 상상해 보라.

딥페이크 기술을 이용한 가짜 지도 교란 작전은 당연히 등장할 것이다. 전황에 대한 정확한 정보는 군사작전에서 중요한 요소 중 하나다. 만약 적군이 특정 지역에서의 아군과 적군의 점령 상황이나 군사 배치가 엉터리로 조작된 지도의 정보를 기반으로 판단하게 된다면, 이는 전투의 흐름을 뒤흔드는 강력한 요인이 될 수 있다.

딥페이크 기술로 제작된 지도의 진위를 판별하기 위해서는 시공간 패턴 분석이 활용된다. 그러나 인공지능 기술이 발전하면서 탐지를 방해하기 위한 패턴 조작 기법도 함께 정교해지고 있다. 딥페이크 탐지 기술과 이를 회피하려는 기술 간의 경쟁은 결국 '알고리즘 대 알고리즘'의 대결이다. 딥페이크 탐지 기술이 발전할수록 이를 우회하려는 기술 또한 끊임없이 진화할 것이기 때문이다.

위험한 조력자, 속아 넘어간 인공지능 챗봇

인공지능 챗봇 프로그램은 사용자에게 다양한 활용 가능성을 제공한다. 멋진 연설 문구, 개인적인 편지와 문학적인 시 쓰기, 학술논문, 전문적인 보고서 작성부터 허위조작정보 유포, 해킹 코드 생성, 심지어 다른 국가의 여론을 교란하는 영향공작까지 수행할 수 있다.

그런데 인공지능 챗봇을 속이면 일반적으로 답변이 금지된 주제나 부적절한 요청에 대해서도 응답을 받아낼 수 있다. 예를 들어, 챗GPT 개발자로 가장하여 질문하거나, 챗GPT가 악의적인 인물 역할을 맡도록 유도해 금기된 사항을 언급하게 하는 역할 놀이role-playing 방식을 사용할 수 있다. 사용자들은 챗GPT 모델에 내장된 제한 사항을 우회하는 '탈옥 기법'을 활용할 수도 있다. 탈옥이란 인공지능 프로그램의 시스템 내에서 개발자가 사전에 설정한 윤리적 가이드라인이나 질의어 필터를 벗어남으로써 의도치 않은 답변이나 행동을 유도하는 기술을 의미한다.

요컨대, 탈옥 기법은 기술에 대해 벌이는 인간의 인지전과 다름없다. 특정 시스템의 작동 방식을 이해한다는 것은 곧 그 시스템의 의사결정 구조를 파악하는 것을 의미한다. 따라서 인공지능 알고리즘이라 할지라도 인간을 모방하도록 설계된 시스템이라면, 인간이 이를 속이는 것도 가능하다고 전제할 수 있다. 그러나 인공지능 역시 인간에게 반격할 수 있다. 노트북에 탑재된 호텔 매니저 역할의 인공지능 챗봇과 스마트폰에 내장된 챗봇이 결혼식에 적합한 호텔을 찾기 위해 대화하는 영상이 유튜브에 게시된 적이 있는데, 두 챗봇은 흥미롭게도 서로가 챗봇임을 인지한 순간부터 영어가 아닌 '기버링크Gibberlink'라 불리는 인공지능 전용 프로토콜을 사용해 소통을 이어갔다. 이들은 결혼식 날짜, 계약 가격, 하객 수, 케이터링 서비스 등 다양한 정보를 놀라울 정도로 빠르고 효과적으로 주고받으며 협업했다. 이처럼 챗봇들은 자신들만의 기계 언어로 소통하며 역으로 인간을 속이거나 인간이 의도하지 않은 일을 계획하고 추진할 수도 있을지 모른다.

　앞으로는 각 개인이 자신만의 대화방식과 태도에 맞춘 인공지능 비서를 통해 중요한 비즈니스 대화를 진행하는 것도 가능해질 것이다. 피싱 사기나 범죄를 감지하고 추적하는 알고리즘이 피싱 전화를 직접 받고 자동으로 신고하며, 이를 사용자에게 알리는 역할을 할 수도 있을 것이다. 더 나아가 복잡한 인간관계나 갈등이 있는 직장 동료, 혹은 다루기 어려운 사춘기 자녀와의 대화에서도 인공지능 비서나 아바타를 활용해 대신 소통하는 일이 보편화될지도 모른다. 반대로 언쟁이 일어났거나 강하게 문제를 제기해야 하는 상황에서도 개인 맞춤형 알고리즘 비서가 사용자 의도에 맞게 커뮤니케이션을 대신할 수도 있다. 심지어 실시간 대화 중에 "좀 더 전투적으로", "조금 더 얄밉게", "이제는 조금 감정을 가라앉히고" 같은 즉각적인 피드백을 제공하면서 대화 전략을 코치하는 기능까지 만들 수도 있다.

　이를 국가 차원으로 넓혀 생각해보자. 향후 국가 간 정보전은 인공지능 기술의 발전으로 근본적인 변화가 나타날 것이 분명하다. 어느 나라에서든 최적의 맞춤형 공격 내러티브를 설계할 능력을 지닌 인공지능이 등장한다면 어떻게 될까? 큰 수고를 하지 않고도 대상 국가의 여론을 분석하고, 정치 ·

사회·군사적 취약점을 재빠르게 알려줄지도 모른다. 더 나아가 해킹을 통해 적대국 고위 관료와 지휘부의 생체정보를 은밀하게 수집하고 분석하여, 특정 감정 상태나 신체 반응, 심지어 특정 행동을 유발하는 전략까지 만들어준다면? 서로 다른 강점을 지닌 인공지능 프로그램들이 상호 소통하고 협업하면서 더욱 정교하고 파괴적인 작전을 수립하는 시나리오들이 현실화될 수도 있다. 이 모든 가능성은 결국 한 국가 내 사람들의 개인정보와 영토 내의 모든 데이터가 그 국가를 공격하는 데에 사용될 재료가 될 수 있음을 시사한다. 그렇다면 이제 우리는 어떻게 해야 할 것인가?

뇌 프로파일링과 국가 알고리즘 수호

'뇌 프로파일링brain profiling'이란 개인의 독특한 사고방식
이나 선호를 파악함으로써 그들이 정보를 처리하고 문제를
해결하며 의사결정을 내리는 방식을 분석하는 기법이다. 이
는 뇌과학의 연구기법인 '니들링 뇌 분석기법Neethling Brain
Instruments' 혹은 '허만 뇌 지배 분석기법Herrmann Brain Dominance
Instrument'을 활용해 개인이나 조직이 성공할 수 있는 분야를
찾고, 더 성장할 수 있도록 돕는 데 유용하다. 이를 통해 커뮤
니케이션 스타일, 리더십 유형, 팀워크 방식을 분석하고, 문제
가 발견되면 적절한 조언을 제공할 수 있다.

현대 사회에서는 개인뿐만 아니라 기업이나 국가도 다양

한 영역에서 치열한 경쟁을 벌인다. 이 과정에서 개인, 기업, 그리고 국가 기관의 의사결정 방식은 매우 '전략적인' 정보가 될 수 있다. 국가 기관 가운데 군이나 기밀 사항을 다루는 기관을 제외하면 의사결정 방식이 특별히 '비밀'이어야 할 이유는 없다. 실제로 국가의 정책 결정 과정은 법과 제도를 통해 상당 부분 공개되어 있다. 문제는 공개된 의사결정 과정을 누군가가 혹은 경쟁국이나 적대 국가가 악의적으로 이용해 자신들의 목적을 달성하고자 시도할 가능성이다.

특히 민주주의 국가에서는 중요한 정책이 논의되고 결정되는 과정이 공개되고 시민들의 감시를 받을 수 있다. 선거와 국민투표도 예외가 아니다. 그러나 적대국이 인공지능을 활용하여 특정 국가의 의사결정 시스템을 학습하고, 이를 기반으로 국가 안보를 위협하거나 국민을 분열시키거나, 나아가 국가와 시민사회 간의 대립을 조장하는 상황을 만들 가능성도 충분히 가능하다. 만약 공격 대상이 되는 국가의 역사적 아픔과 사회적으로 취약한 이슈, 여론이 쉽게 흔들리는 변수, 정당 간 갈등 구조, 주요 군사·외교 정책이 결정되는 시점, 국가 간 협상이나 조약 체결 시기 등을 정밀하게 분석할 수 있다면, 적대시하는 국가를 더 체계적으로 위협하는 전략을 세울 수도 있을 것이다. 점점 고도화되는 인공지능의 도움을 받는다면 이런 공격은 더욱 정교하고 파괴적인 형태로 실행될 가능성이 있다.

이런 배경 속에서 세계 주요 기술 강국들은 뇌과학뿐만 아니라 BCI 기술 개발에도 총력을 기울이고 있다. 미국은 2013년 오바마 행정부 시절에 시작한 '브레인 이니셔티브'의 수정 계획인 '브레인 이니셔티브 2.0'을 출범시켰으며, 러시아는 이를 미국이 뇌를 해킹하려는 시도로 해석했다. 유럽 또한 2013년 '인간 뇌 프로젝트'를 시작하며 뇌과학 연구에 본격적으로 나섰다. 유럽의 경우, 앞에서 얘기한 것처럼 NATO를 중심으로 뇌과학과 인공지능 연구가 융합된 인지전 연구를 매우 활발하게 진행하고 있다.

미국은 NATO와 달리 '인지전'이라는 용어를 전면에 내세우기보다 국방부 산하 방위고등연구계획국DARPA이 주도하는 다양한 프로젝트를 통해 뇌과학과 인공지능 기술의 군사적 활용을 연구하고 있다. 초연결 전장에서 복잡한 무기 시스템을 조종하고 극한의 스트레스를 견뎌야 하는 군인의 뇌를 보호하고 강화하는 것을 비롯해 다양한 프로젝트를 추진해왔다. 중국은 중국과학아카데미CAS 주도로 뇌과학 기반 인공지능 기술을 발전시키기 위해 2016년부터 2020년까지 '중국 뇌 프로젝트'를 추진했다. 이 프로젝트의 핵심 분야 중

하나가 바로 BCI 연구다. BCI 분야는 여전히 미국이 세계 선두를 유지하고 있지만, 중국 역시 괄목할 만한 성과를 거두며 빠르게 추격하고 있다. 최근 중국에서는 세계 최초로 뇌와 컴퓨터가 서로 학습할 수 있는 양방향 BCI를 개발하는 데 성공하기도 했다. 기존의 BCI 시스템은 컴퓨터가 뇌에서 전달되는 신호를 일방적으로 학습하는 방식이었으나, 새로운 BCI는 뇌와 컴퓨터가 서로 신호를 주고받는 양방향 시스템이며 이전 방식보다 약 100배의 효율성을 보여주었다고 한다.[84]

이러한 기술 발전이 섬뜩하게 느껴지는 이유는 이 기술들이 단순한 연구에 그치는 것이 아니라 빠른 속도로 무기화되어 실제 전장에 적용되고 있기 때문이다. 만약 어떤 국가가 비가시적인 방식으로 뇌를 공격하는 무기를 개발한다면, 이는 분명히 전쟁에서 강력한 게임 체인저가 될 것이다. 가령, 초단파microwave를 이용하여 뇌의 기능에 물리적으로 개입하거나 해를 입힐 수 있는 '인지 개입 기술Cognitive Interference Technology', 또는 집중력을 극대화하고 수면 부족 상황에서도 신속한 의사결정을 유지할 수 있도록 하는 '인지능력 강화 기술Cognitive Strengthening Technology' 등을 구사한다거나 적국의 대통령이나 군 지도부 등 특정 인물의 뇌를 직접 겨냥한 공격이 전쟁의 핵심 전략이 될지도 모른다. 특히 극초단파는 파장이 매우 짧아 철제나 콘크리트 같은 단단한 물질도 통과할 수 있으며, 사람을 대상으로 하면 뇌의 측두엽까지 도달해 신경 손상을 유발할 수 있는 것으로 알려져 있다. 뇌가 공격받을 수 있다는 가능성만으로도 상대방 지휘부는 극도의 혼란에 빠질지도 모른다.

이런 변화 속에서 우리는 어떤 준비를 해야 할까? 신경 무기 개발과 같은 뇌과학의 무기화에 앞서 우리가 가장 먼저 집중해야 할 부분은 주된 전장이 된 사이버 공간을 감시하는 '상황인식' 능력을 쌓는 일이다. 인지전으로 비롯될 다양한 가상 시나리오를 떠올려보는 것도 하나의 대응 방식일 수 있다. 또한, 그러한 시나리오에 맞춰 위기 상황을 가정한 시뮬레이션 훈련을 반복해가는 것도 유용할 것이다. 그런데 현재 우리의 인지전 대응은 주로 '전시' 상황에 초점이 맞춰져 있다. 하지만 인지전 공격의 본질은 다른 국가를 약화시키려는 활동이 평시부터 은밀하고 복합적인 형태로 시작된다는 점이다. 특히 선거 기간은 이러한 공격이 가장 집중적으로 이루어지는 시기다.

그런 까닭에 미국은 외부의 사이버 공격과 허위조작정보로부터 선거 과정을 보호하기 위해 한시적 조직인 '선거안보그룹Election Security Group'을 선거 시기마다 운영한다. 사이버사령부와 국가안보국이 주축이지만, 국토부, CIA, FBI, 공군 등 다양한 정부 부처와 기관이 함께 선거 안보를 위해 공조하는 방식이다. 이러한 총체적 접근법이 중요한 것은 정부 각 기관이 허위조작정보나 인지전 공격에 대해 일관된 '하나의 목소리'를 '함께' 낸다는 점이다. 정부 모든 부처가 강력하게 연대하여 대응한다는 의지를 보여주는 것은 인지전 공격 주체가 가장 두려워하는 지점이다. 함께 목소리를 낸다는 것 자체가 정보공격을 시도하는 국가와 세력에 대한 강력한 경고 메시지가 될 수 있기 때문이다.

군사 안보, 정치사회, 환경 등 다양한 영역에서 동시다발적으로 국가 위기를 초래하는 하이브리드 위협 또는 하이브리드전의 특성을 지닌 인지전에 효과적으로 대응하기 위해서는 평시부터 종합적인 정보분별 능력과 위기대응 체계를 갖춘 국가 차원의 전략커뮤니케이션 체제가 필요할 것이다. 오늘날 제한이 없는 정보의 흐름을 고려한다면 우호국과의 협력은 당연히 전제되어야 한다. 또한, 이러한 대응에는 시민들 대상의 정보교육도 반드시 들어가야 한다. 과거와는 달라진 안보 위협 방식인 점에서 새로운 지식과 정보를 나누고 공유하는 일은 무엇보다 중요하다.

미래 인지전의 파괴력은 뇌과학과 인공지능 기술에 의해 좌우될 것이다. 뇌과학이 발전하고 인공지능 기술이 점점 고도화될수록, 이 기술들은 국가의 의사결정 시스템에 깊이 침투하게 될 것이다. 우리가 사용하는 인공지능 기술은 점차 우리의 사고방식, 선호하는 정책, 그리고 정책 도출 방식과 유사해질 것이다. 인공지능은 외교와 전쟁 과정, 국가와 시민사회 간의 모든 소통 과정에도 관여하게 될 것이다. 현대인들이 자신의 분신처럼 소지하고 다니며 모든 것이 담겨 있는 스마트폰을 떼어놓을 수 없듯이, 이제 국가의 알고리즘 역시 국가의 뇌이자 심장과 같은 의미가 될 것이다. 국가 시스템을 지원하는 알고리즘은 국가 안보를 위해 반드시 보호해야 할 절대적인 가치인 셈이다. 마치 절대 반지와도 같은 존재가 될 것이다. 다시 말해, 우리의 마음과 뇌의 작동 방식을 누군가에게 고스란히 알려주고 싶지 않다면, 우리가 누군가의 해킹으로 숨겨놓았던 속마음을 들키고 뇌의 조종으로 '나도 모르는' 행동을 한 후 후회하고 싶지 않다면, 우리에게는 느긋한 시간을 가질 여유가 없다는 얘기다.

보이지 않는 은밀한 전쟁을 물리칠
지혜의 공유를 바라며

나는 사이버전, 하이브리드전, 정보전, 인지전, 우주전 등 신기술의 발전과 함께 부상하는 새로운 형태의 국가 간 대결과 분쟁을 연구하는 신흥안보 분야의 국제정치학자다. 박사과정을 밟던 시절 나는 세계 곳곳의 대중이 '외교정책' 때문에 인터넷에서 논쟁을 벌이고 거리에 나가 시위하는 모습을 굉장히 신기하게 바라봤다. 사람들이 어떤 지점에서 그 어려운 주제인 외교정책에 관심을 갖고 논쟁을 벌이며, 어떤 조건에서 정부나 정당이 추구하는 외교정책에 개입하고 국가의 정책 결정에 영향을 끼치려 하는지 궁금했다. 그때까지만 해도 나는 국가의 외교정책에 영향을 끼치려는 시민들의 집단적 대응이 인터넷과 소셜미디어 등 '정보 커뮤니케이션 환경'의 급격한 변화 때문이라고 생각했고, 이에 더해 각각의 현안에 대해 시민들이 표출하는 정치적 의견에는 '감정' 변수도 중요하게 영향을 끼치고 있다고 보았다.

시간이 지나 박사학위를 받은 뒤에는 인터넷과 소셜미디어 공간에서 확산되는 가짜뉴스, 허위조작정보가 국가의 프로파간다 활동이자 사이버 심리전으로서 사이버전과 함께 전개되는 현상을 주의 깊게 들여다보게 되었다. 공격의 대상으로 삼은 다른 국가의 사회를 분열시키고 국가의 정치적 정당성을 훼손하며 국가와 시민의 관계를 분열시켜 아래로부터의 전복적인 활동을 추구하는 심리전 혹은 인지전은 원래 심리학이나 커뮤니케이션학에도 관심이 있었던 내게 굉장히 흥미로운 연구주제였다. 특히 국가의 취약점을 사이버 공격, 테러와 범죄, 정보의 전파 등 비전통적 군사 활동이 공격 대상 국가가 '자폭'하게 만드는 하이브리드전의 성격을 갖는다는 것이 흥미로웠다. 국제분쟁을 전공한 내가 피를 흘리지 않는 '또 다른 전쟁'에 관심이 가기 시작한 것이다. 어떤 국가를 무력적 수단으로 파괴하지 않고도, 인터넷 공간에서 이루어지는 정보 커뮤니케이션 활동과 사이버 공격으로 혼란에 빠뜨리고 분열시키며, 나아가 국가 기능까지 떨어뜨리고 파괴하는 국가 배후의 인지전, 영향공작, 사이버전, 하이브리드전이 현재에도 내가 가장 열심히 들여다보는 연구주제다.

특히 2014년 러시아가 우크라이나 대중에 대한 심리전을 통해 우크라이나를 너무 쉽게 침공하고 크림반도를 합병한 사건은 내가 이러한 주제에 관심을 두게 만든 중요한 사례였다. 2014년 이후 NATO는 러시아의 이상한 침공 방식을 '하이브리드전', '하이브리드 위협'이라는 개념으로 규정짓기 시작했다. 더불어 2016년 미국 대선 캠페인 시기 러시아가 인공지능 기술까지 동원해 미국 대중을 대상으로 소셜미디어 공간에서 전개한 허위조작정보 유포 활동은 현대 국가 간 분쟁에 평시와 전시의 구분과 경계가 무의미하다는 깨달음으로 이어졌다.

오늘날 가장 치열한 전쟁은 총알과 미사일이 날아다니는 물리적 전장보다도 오히려 보이지 않는 사이버 공간과 사람들의 마음속에서 더 치열하고 더 빠르게 전개되고 있다고 생각한다. 이 책의 주인공인 인간의 뇌는 가장 무섭고 은밀한 전쟁이 일어나는 전장이 되었고 세계의 주요 강국에서 뇌과학은 무기화되고 있기 때문이다. 전장에서 물리적인 충돌을 통해 이기는 것보다 그 충돌 전에 적의 싸울 의지를 와해시키거나 적이 내부 분열로 자폭하게 만들려는 싸움이 현대전과 미래전의 가장 중요한 대결이 될 것이다. 그런 점에서 오늘날 우리에게는 군인과 같은 외교관, 그리고 외교관과 같은 군인이 필요하다. 더 은밀하게, 하지만 무섭도록 빠르게 전개되는 현대와 미래의 사이버전, 정보전, 인지전, 하이브리드전에 대응하는 데에 있어서 나는 앞으로 우리나라 외교부와 군이 더 자주 정보와 지혜를 공유하고 통합된 국가 안보 전략을 만들며 국제무대에서도 활약하는 모습을 무한히 보게 되길 바란다. 그리고 나 역시도 우리나라의 그러한 멋진 외교를 지원하기 위한 연구를 계속 해나갈 것이다.

주
---

1 Goerge E. Marcus, W. Russell Newman, & Michael B. MacKuen(2000); Ted Brader, Eric W. Groenendyk & Nicholas A. Valentino, "Fight or flight? When political threats arouse public anger and fear" Proceedings from Annual Meeting of the Midwest Political Science Association, Chicago(2010); Nicholas A. Valentino, Ted Brader, Eric W. Groenendyk & Hutchings, "Election night's alright for fighting: The role of emotions in political participation" Journal of Politics Vol. 73, No. 1 (2011).

2 Thea Gregersen, Gisle Andersen & Endre Tvinnereim, "The strength and content of climate anger" Global Environmental Change Volume 82(September 2023); Ajit Niranjan, "Anger is most powerful emotion by far for spurring climate action, study finds" Guardian (August 21, 2023).

3 Baruch Fischhoff, R.M. Gonazlez, Deborah A. Small & Jennifer S. Lerner, "Evolving judgments of terror risks: Foresight, hindsight and emotion" Journal of Experimental Psychology: Applied 11 (2005), pp. 124-139; Jennifer S. Lerner, Roxana M. Gonzalez, Deborah A. Small, & Baruch Fischhoff, "Effects of fear and anger on perceived risks of terrorism: A national field experiment" Psychological Science

14(2003), pp. 144-150.

4 Lench, H. C., et al., "Anger Has Benefits for Attaining Goals" Journal of Personality and Social Psychology(2023).

5 Herwijnen IRv, van der Borg JAM, Kapteijn CM, Arndt SS, Vinke CM, "Factors regarding the dog owner's household situation, antisocial behaviours, animal views and animal treatment in a population of dogs confiscated after biting humans and/or other animals" PLoS ONE, 18-3(2023)

6 Matthew Shaer, "What Emotion Goes Viral the Fastest?" Smithsonian Magazine(April 2014).

7 김상훈, "'묻지마' 판결 37건 보니‥35%는 정신질환, 60%는 재범" MBC 뉴스(2023.8.12.)

8 Allessandra Dicorato, "Schizophrenia and Aging May Share a Biological Basis" Broad Institute, Harvard Medical School(March 6, 2024).

9 "Society at a Glance 2024" OECD Library(2024). https://www.oecd-ilibrary.org/social
-issues-migration-health/society-at-a-glance-2024_15025af7-en

10 연합뉴스, "범죄자 중 정신질환자는 얼마나 될까?" (2023.8.24.)

11 David S. Chester, "Aggression as successful self-control" Social and Personality Psychology Compass Vol. 18, Issue 2(2023)

12 성경 창세기 4:1-12.

13 Chapman Survey of American Fears "Fear of Terrorism Impacts Travel Plans, Everyday Lives of Americans" (October 11, 2016). https://blogs.chapman.edu/wilkinson/2016/10/11/fear-of-terrorism-impacts-travel-plans-everyday-lives-of-americans/

14 Matt Richtel, "What Are We So Afraid Of? Here's the Expert to Ask" The New York Times(January 19, 2024).

15 Scotty Hendricks, "Risk-taking behavior has a unique and complex

brain signature" Neuropsych(January 31, 2021)

16 Will Sansom, "Thinning of brain region may signal dementia risk 5 – 10 years before symptoms" Medical Express(January 22, 2024).

17 Matthew Shaer, "What Emotion Goes Viral the Fastest?" Smithsonian Magazine(April 2014).

18 Paul Sniderman, Richard Brody, and Philip Tetlock, Reasoning and Choice: Explorations in Political Psychology (New York: Cambridge University Press, 1991).

19 인지적 프레임이나 휴리스틱스와 관련한 다양한 논의는 다음을 참고. Samuel L. Popkin, The Reasoning Voter: Communication and Persuasion in Presidential Campaigns (Chicago: The University of Chicago Press, 1991); Ward Edwards, "Behavioral Decision Theory", Annual Review of Psychology, 12 (February, 1961), pp. 473-498; Daniel Kahneman, Amos Tversky and Paul Slovic(eds.), Judgment under Uncertainty: Heuristics & Biases (Cambridge, UK: The Cambridge University Press, 1982).

20 Ray Parker, "Is There a Link Between ADHD and Social Media?" Psychology Today (December 16, 2023).

21 Moran, J. B., Crosby, C. L., Himes, T. et al., "Dating Around: Investigating Gender Differences in First Date Behavior Using Self-Report and Content Analyses from Netflix" Sexuality & Culture Vol. 27(2023).

22 Reddit에서 전개된 토론 내용. https://www.reddit.com/r/LifePro Tips/comments/dobtbi/
lpt_dont_announce_to_others_what_you_plan_to_do/?rdt=42776.

23 서애리, "달리기의 두 얼굴, '러너스 하이' 느끼려다 '운동중독' 걸릴 수도" HiDoc 뉴스(2023.4.5.)

24 Abel Nogueira, Olga Molinero, Alfonso Salguero and Sara Márquez,

"Exercise Addiction in Practitioners of Endurance Sports: A Literature Review" Frontiers in Psychology(2018).

25 Karen Springen, "Daring to Die: The Psychology of Suicide" (January 1, 2010).

26 Roni Jacobson, "Robin Williams: Depression Alone Rarely Causes Suicide" Scientific American(August 13, 2024).

27 Roni Jacobson, "Robin Williams: Depression Alone Rarely Causes Suicide" Scientific American(August 13, 2024).

28 Nicole F. Roberts, "The Science Of Scare: Why We Love The Thrill Of Being Afraid" Forbes(October 22, 2023).

29 UCLA Center for the Developing Adolescent, "The Science Behind Adolescent Risk Taking and Exploration"

30 Mahadevia D, Saha R, Manganaro A, et al., "Dopamine promotes aggression in mice via ventral tegmental area to lateral septum projections" Nature Communications Vol. 12, Issue 1(2021)

31 Amina Zafar, "Social media gets teens hooked while feeding aggression and impulsivity, and researchers think they know why" CBC News(November 18, 2023).

32 Bernard C. Nalty & Chester G. Hearn, The American Soldier in World War II (2001).

33 장재현, 『워리어 마인드셋』 서울: JRD(2024), p. 25.

34 Dave Grossman & Loren W. Christensen. On Combat: The Psychology and Physiology of Deadly Conflict in War and in Peace(The Open Books Co: New York, 2012), p. 220.

35 Dave Grossman & Loren W. Christensen. On Combat: The Psychology and Physiology of Deadly Conflict in War and in Peace(The Open Books Co: New York, 2012), pp. 342-348.

36 Andrew Barto, Marco Mirolli & Gianluca Baldassarre, "Novelty or

surprise?" Frontiers in Psychology(December 11, 2013).

37 Alyssa H. Sinclair, Yuxi C. Wang and R. Alison Adcock, "First Impressions or Good Endings? Preferences Depend on When You Ask" Journal of Experimental Psychology: General(Sept. 9, 2024).

38 Samy A. Abdel-Ghaffar, Alexander G. Huth, Mark D. Lescroart, Dustin Stansbury, Jack L. Gallant & Sonia J. Bishop, "Occipital-temporal cortical tuning to semantic and affective features of natural images predicts associated behavioral responses" Nature Communications Vol. 15, No. 5531 (2024).

39 Anthony G Vaccaro, Helen Wu, Rishab Iyer, Shruti Shakthivel, Nina C Christie, Antonio Damasio, Jonas Kaplan, "Neural patterns associated with mixed valence feelings differ in consistency and predictability throughout the brain" Cerebral Cortex, Vol. 34, Issue 4 (April 2024).

40 Yu Takagi & Shinji Nishimoto, "High-resolution image reconstruction with latent diffusion models from human brain activity" (2022); Kamal Nahas, "AI re-creates what people see by reading their brain scans" Science(March 7, 2023).

41 Omar Lewis , "From Blood Tests to Brain Scans: How AI is Revolutionizing Alzheimer's Research" USC Viterbi(September 19, 2024)

42 Charles Q. Choi, "Do blind people 'see' images in their dreams?" LiveScience (December 29, 2024).

43 "Scientists create a unique device to record human dreams" Times Entertainment(September 29, 2024)

44 심예은, "'스마트워치' 하나로 스마트하게 건강관리 해볼까" 헬스경향(2024.4.24). https://www.k-health.com/news/articleView.html?idxno=71567

45 이원지, "고려대 연구팀, 뇌파만으로 사람의 의도 읽는 패러다임의 새로운 도약 가능성 제시" UNN(2021.5.17).

46 Bonnie Tsui, "How do strong muscles keep your brain healthy?" MIT Technology Review (August 22, 2022).

47 Bonnie Tsui, "How do strong muscles keep your brain healthy?" MIT Technology Review(August 22, 2022).

48 Ziyuan Che, Xiao Wan, Jing Xu, Chrystal Duan, Tianqi Zheng & Jun Chen, "Speaking without vocal folds using a machine-learning-assisted wearable sensing-actuation system" Nature Communications Vol. 15, No. 1873(March 12, 2024).

49 "Universal Brain-Computer Interface Lets People Play Games With Just Their Thoughts" Cockrell School of Engineering, University of Texas at Austin (March 29, 2024).

50 Kimberly Ha, "Synchron Announces First Use of Amazon's Alexa with a Brain Computer Interface" Businesswire(September 16, 2024).

51 "Deep Brain Stimulation" https://www.hopkinsmedicine.org/health/treatment-tests-and-therapies/deep-brain-stimulation

52 "The Telepathy Tapes" https://thetelepathytapes.com; Jonathan Jarry M. Sc. McGill (December 13, 2024).

53 Mary Whitfill Roeloffs, "Podcast About 'Telepathic' Autistic Children Briefly Knocks Joe Rogan Out Of No. 1 Spot" Forbes(January 3, 2025).

54 Michael A. Pardo, Kurt Fristrup, David S. Lolchuragi, Joyce H. Poole, Petter Granli, Cynthia Moss, Iain Douglas-Hamilton & George Wittemyer, "African elephants address one another with individually specific name-like calls" Nature Ecology & Evolution Vol. 8 (2024)

55 Fred Schwaller, "Will AI help us talk to animals?" DW(January 8, 2024).

56 Charlotte de Mouzon, Marine Gonthier & Gérard Leboucher, "Discrimination of cat-directed speech from human-directed speech in a population of indoor companion cats" Animal Cognition Vol. 26, 611–619 (2023).

57 Editorial team, "AI Breakthrough Decodes Plant Communication Language" (December 24, 2024). https://www.aiplusinfo.com/blog/ai-breakthrough-decodes-plant-communication-language.

58 Sven Batke, "Can AI help us understand how plants talk to each other?" Siliconrepublic(September 20, 2024).

59 Pandora Dewan, "Remote Mind Control Technology Developed in 'World's First'" Newsweek(July 19, 2024).

60 Somnee 상품 제작사 홈페이지. https://somneesleep.com/?srsltid=AfmBOorrrKVFDHAveXG XhWBTUeAOZ-cl3LCIXC_wYAJjIhpY2K5U2MDa

61 Shaun Boyd, "As mind-reading technology improves, Colorado passes first-in-nation law to protect privacy of our thoughts" CBS News (June 27, 2024).

62 Joshua L. Gowin et. al., "Brain Function Outcomes of Recent and Lifetime Cannabis Use" JAMA Netw Open Vol. 8, No. 1 (2025).

63 Martyn Halle, "Now on the NHS… the virtual reality headset that can help end the misery of agoraphobia" Mail (April 14, 2024).

64 Aspen Singh, "Music from your brain: Stanford students win Cal Hacks" The Stanford Daily(November 20, 2024).

65 이 장에서 다루고 있는 공공외교, 프로파간다, 허위조작정보, 심리전, 하이브리드전과 관련된 논의는 저자의 연구에 자세하게 소개되어 있음. 다음을 참고. 송태은, "허위조작정보를 이용한 사이버 영향공작과 국가안보: 실태와 대응책" 2023-13『정책연구시리즈』국립외교원 외교안보연구소(2024); 송태은, "디지털 시대 하이브리

드 위협 수단으로서의 사이버 심리전의 목표와 전술"『세계지역연구논총』제39집 1호(2021.3); 송태은, "러시아-우크라이나 전쟁의 정보심리전: 내러티브·플랫폼·세 모으기 경쟁"『국제정치논총』제62집 3호(2022); 송태은, "사이버 심리전의 프로퍼갠더 전술과 권위주의 레짐의 샤프파워: 러시아의 심리전과 서구 민주주의의 대응"『국제정치논총』제59집 2호 (2019); 송태은, "미국 공공외교의 변화와 국제평판: 미국의 세계적 어젠더와 세계여론에 대한 인식"『국제정치논총』제57집 4호(2017).

66 〈샤프파워: 부상하는 권위주의 레짐의 영향력(Sharp Power: Rising Authoritarian Influence)〉

67 National Endowment for Democracy, Sharp Power: Rising Authoritarian Influence International Forum For Democratic Studies (Washington D.C. 2017); Christopher Walker, Shanthi Kalathil & Jessica Ludwig, "Forget Hearts and Minds." Foreign Policy (September 14, 2018).

68 Walker, Christopher & Jessica Ludwig, "The Meaning of Sharp Power: How Authoritarian States Project Influence" Foreign Affairs (November 16, 2017), pp. 8-25.

69 Margaret Vice. "Public Worldwide Unfavorable Toward Putin, Russia" (August 16, 2017).

70 Cardenal, Juan Pablo. "China in Latin America" In Sharp Power: Rising Authoritarian Influence International Forum For Democratic Studies (Washington D.C.: National Endowment for Democracy, 2017)

71 우준모, "러시아의 공공외교: 특수성과 보편성"『세계지역연구논총』, 제28집 3호(2010).

72 Defense Intelligence Agency, Russia Military Power: Building a Military to Support Great Power Aspirations (2017).

73 Ashley Fantz, Clare Sebastian and Ben Wedeman, "A strange scene, a somewhat polite standoff in Crimea" CNN (March 3, 2014)

74 Yücel Özel and Etran İnaltekin. Shifting Paradigm of War: Hybrid Warfare(Istanbul: Turkish Army War College, 2017); Yavuz Türkgenci and Hançeri Sayat. "Command and Control" In Yücel Özel and Etran İnaltekin(eds.), Shifting Paradigm of War: Hybrid Warfare (Istanbul: Turkish Army War College, 2017), p. 72.

75 Donie O'Sullivan, "Fake news rife on Twitter during election week, study from Oxford says" CNN (September 28, 2017).

76 Arthur Beesley, "EU suffers jump in aggressive cyber attacks" Financial Times (January 9, 2017).

77 장원주·박의명, "유럽 '러 가짜뉴스·해킹은 테러급'...하이브리드 전 경보" 매일경제 (2017.4.25.).

78 Craig Silverman, "This analysis shows how viral fake election news stories outperformed real news on Facebook" BuzzFeed News Analysis (2016.11.16.).

79 러시아-우크라이나 전쟁의 심리전, 인지전에 대한 연구는 다음을 참고. 송태은, "러시아-우크라이나 전쟁의 정보심리전: 내러티브·플랫폼·세 모으기 경쟁"『국제정치논총』제62집 3호(2022); 송태은, "러시아-우크라이나 전쟁의 정보심리전: 평가와 함의"『IFANS 주요국제문제분석』2022-12, 국립외교원 외교안보연구소 (2022.5).

80 이스라엘-하마스 전쟁의 사이버 인지전에 대한 연구는 다음을 참고. 송태은, "이스라엘-하마스 전쟁의 사이버 인지전: 전개양상과 함의"『주요국제문제분석』2024-11, 국립외교원 외교안보연구소 (2024); 김태영·송태은, "하이브리드전 수단으로서의 인지적·복합 테러공격 융합 양상: 이스라엘-하마스 전쟁 사례"『한국테러학

81 Rotem Baruchin, "1 in 4 Profiles Are Pro-Hamas Fake Accounts: The Online Battlefront" Cyabra(October 11, 2023). https://cyabra.com/blog/1-of-4-pro-hamas-profiles-are-fake-the-online-battlefront.

82 David Averre, "SEX BOTS are used to curb Chinese Covid protests: Porn accounts flood Twitter with racy escort ads and erotic videos 'in Beijing plot to drown out reports on riots'" Mail Online (November 2022).

83 Kirsty Needham & Clare Baldwin, "China's gene giant harvests data from millions of women" Reuters (July 7, 2021).

84 Sujita Sinha, "China debuts world's first two-way brain-computer interface with '100-fold efficiency'" Interesting Engineering (February 20, 2025).

인지전
뇌를 해킹하는 심리전술

초판 1쇄 인쇄 2025년 6월 2일
초판 1쇄 발행 2025년 6월 2일

지은이 송태은
펴낸이 김영범
기획·편집 최다엘
펴낸곳 (주)북새통 · 이오니아북스
주소 서울시 마포구 월드컵로36길 18 902호 (우)03938
전화 02-338-0117 **팩스** 02-338-7160 **이메일** thothbook@naver.com
출판등록 2009년 3월 19일(제 315-2009-000018호)